"十三五"职业教育国家规划教材

职业教育规划教材·智能家居系列

Android 移动应用项目化教程

YIDONG YINGYONG XIANGMUHUA JIAOCHENG

企想学院 ◎ 编著

中国铁道出版社有限公司
CHINA RAILWAY PUBLISHING HOUSE CO., LTD.

内 容 简 介

本书基于 Android 4.0 开发环境，以移动应用项目为例，介绍了一个完整的项目开发过程，主要包括登录/注册功能、家居设备控制功能、情景模式功能等方面，旨在让读者在项目开发过程中，可以独立完成项目的搭建与功能需求分析，同时学习 Android 应用程序的设计与开发。

本书按照项目式教学的方式，以移动应用实际项目作为主要讲解内容，知识点全面、代码结构清晰、案例丰富详细，基本涵盖了移动应用项目开发中的所有重点和难点。书中所有项目涉及的代码均可上机调试，可满足读者实训学习、动手操练的需要。

本书适合作为职业院校物联网应用技术专业及相关专业的教材，也可作为智能家居爱好者的自学参考用书，同时对相关领域的科技工作者和工程技术人员也有一定的使用和参考价值。此外，本书也可作为全国职业院校技能大赛智能家居安装与维护赛项的备考用书。

图书在版编目（CIP）数据

Android 移动应用项目化教程/企想学院编著. —北京：
中国铁道出版社，2017.12（2021.7重印）
职业教育规划教材. 智能家居系列
ISBN 978-7-113-23812-4

Ⅰ.①A… Ⅱ.①企… Ⅲ.①移动终端-应用程序-程序设计-职业教育-教材 Ⅳ.①TN929.53

中国版本图书馆CIP数据核字（2017）第239841号

书　　名：Android 移动应用项目化教程
作　　者：企想学院

策　　划：汪　敏　　　　　　　　　　　　编辑部电话：（010）51873628
责任编辑：秦绪好　彭立辉
封面设计：崔丽芳
责任校对：张玉华
责任印制：樊启鹏

出版发行：中国铁道出版社有限公司（100054，北京市西城区右安门西街 8 号）
网　　址：http://www.tdpress.com/51eds/
印　　刷：北京建宏印刷有限公司
版　　次：2017 年 12 月第 1 版　2021 年 7 月第 2 次印刷
开　　本：787 mm×1 092 mm　1/16　印张：10.25　字数：230 千
书　　号：ISBN 978-7-113-23812-4
定　　价：32.00 元

版权所有　侵权必究

凡购买铁道版图书，如有印制质量问题，请与本社教材图书营销部联系调换。电话：（010）63550836
打击盗版举报电话：（010）63549461

职业教育规划教材·智能家居系列
编委会
（排名不分先后）

主　任： 束遵国（上海企想信息技术有限公司）

副主任： 马　松（盐城机电高等职业技术学校）
　　　　　曹国跃（上海市贸易学校）
　　　　　杨宗武（重庆工商学校）

委　员： 张伟罡（上海市经济管理学校）
　　　　　王旭生（山东寿光市职业教育中心学校）
　　　　　张　榕（重庆工商学校）
　　　　　王稼伟（无锡机电高等职业技术学校）
　　　　　祝朝映（余姚市职成教中心学校）
　　　　　辜小兵（重庆工商学校）
　　　　　马高峰（余姚市职成教中心学校）
　　　　　马遇伯（上海企想信息技术有限公司）

秘　书： 吴文波（上海企想信息技术有限公司）

序　言

根据《"十三五"国家战略性新兴产业发展规划》的精神，国家加快先进智能电视和智能家居系统的研发，发展面向金融、交通、医疗等行业应用的专业终端、设备和融合创新系统。智能家居系统通过物联网技术将家中的各种设备连接到一起，提供家电控制、照明控制、电话远程控制、室内外遥控、防盗报警、环境监测、暖通控制、红外转发，以及可编程定时控制等多种功能和手段。与普通家居相比，智能家居不仅具有传统的居住功能，还兼备建筑、网络通信、信息家电、设备自动化，提供全方位的信息交互功能。

自2013年起，全国职业院校技能大赛组委会同意设立智能家居安装与维护赛项，经过五届的成功举办，参赛学校由最初的38所到现在的96所，覆盖全国20多个省市，本届参赛选手加上指导教师超过300人。智能家居安装与维护赛项专家组响应大赛组委会以赛促建、以赛促学的精神，积极做好成果转换工作，组织编写了智能家居安装与维护等系列教材，以供广大教师日常教学使用，以便进一步推进学校的专业建设和课程建设。

本系列教材具有以下特点：

（1）教材结构采用项目驱动方式进行，适应学生的学习习惯。

（2）教材设立场景与真实场景相关联，有助于提升学生的学习兴趣和解决实际问题的能力。

（3）教材内容覆盖面全，基本涵盖了智能家居涉及的物联网技术，可为后续学习数据分析打下较扎实的基础。

本系列教材的编写，凝聚了大量一线职业教育教师和企业工程师的智慧，体现了他们先进的、与实际接轨的教学思想和理念，同时也得到全国工业和信息化职业教育教学指导委员会和中国铁道出版社的大力支持，在此一并表示感谢。

希望广大师生在系列教材的使用过程中提出宝贵意见和建议，从而不断完善教材及其支撑内容，为智能家居行业的发展培养更多具有创新能力和创新精神的优秀复合型人才。

智能家居安装与维护赛项专家

徐方勤

2017 年 9 月

前 言

　　智能家居是在互联网影响之下物联化的体现。智能家居通过物联网技术将家中的各种设备（如音视频设备、照明系统、窗帘控制、空调控制、安防系统、数字影院系统、影音服务器、网络家电等）连接到一起，提供家电控制、照明控制、电话远程控制、室内外遥控、防盗报警、环境监测、暖通控制、红外转发，以及可编程定时控制等多种功能和手段。与普通家居相比，智能家居不仅具有传统的居住功能，还兼备建筑、网络通信、信息家电、设备自动化，提供全方位的信息交互功能，甚至可节省各种能源费用。

　　智能家居作为一个新产业，市场消费观念还未形成，但随着智能家居市场的推广普及，智能家居市场的消费潜力是巨大的。正因为如此，国内优秀的智能家居生产企业愈来愈重视对行业市场的研究，大批国内优秀的智能家居品牌迅速崛起，逐渐成为智能家居产业中的翘楚。

　　智能家居产业的兴起，也带动着科技的进一步发展，本书通过 Android 移动应用来实现智能家居控制系统，并以 Android 移动应用作为全书的主要讲解内容和实际开发项目，意在提高读者对于 Android 移动应用项目的实训学习、动手操练能力，同时也为全国职业院校技能大赛智能家居安装与维护赛项的参赛者提供了 Android 移动应用开发部分的辅导。

　　本书共分为 6 个项目：

　　项目一介绍了开发环境以及环境的搭建，通过本项目的学习，学生可以自己搭建 Android 开发环境，很好地了解 Android 环境和 eclipse 的使用。

　　项目二讲述在 eclipse 上开发一个登录 / 注册模块，并进行简单的界面设计，完成应用程序登录 / 注册功能。

　　项目三讲述了单控 / 显示模块的搭建，分为单控部分和显示部分，单控部分可以实现对样板间设备的控制，显示部分用于显示样板间的环境参数。

　　项目四讲述了联动模块的搭建，通过自定义条件完成相应控制功能。

项目五讲述了情景模块搭建的方法，共 4 个情景模式，不同的情景模式完成不同的功能操作。

项目六讲述了绘图模块搭建的方法，利用采集到的环境参数绘制柱状图，并可以实时更新柱状图。

本书建议学时为 70 学时，具体如下：

教学内容	建议学时
项目一　开发环境搭建	8
项目二　登录/注册模块搭建	12
项目三　单控/显示模块搭建	12
项目四　联动模块搭建	12
项目五　情景模块搭建	12
项目六　绘图模块搭建	14

本书由企想学院编著，编写过程中得到全国工业和信息化职业教育教学指导委员会和全国职业院校技能大赛智能家居安装与维护赛项专家组的具体指导。教材编写邀请学校一线教师参与，得到企业工程师协助，具体分工如下：刘传青（永嘉县职业中学）、寻桂莲（上海市贸易学校）、贾俊花（上海市贸易学校）、解璐璐（东华大学）和毕辰龙（上海企想信息技术有限公司）编写了项目一、二、三；马高峰（余姚市职成教中心学校）和徐小凤（上海企想信息技术有限公司）编写了项目四；尹金（重庆工商学校）和张冬冬（上海企想信息技术有限公司）编写了项目五；张虹（武汉机电工程学校）和朱建华（上海企想信息技术有限公司）编写了项目六。全书由徐方勤和周连兵策划指导并统稿。

由于时间仓促，编者水平有限，书中难免会有疏漏与不妥之处，敬请广大读者批评指正。

企想学院

2017 年 10 月于上海

目录

项目一　开发环境搭建 ········· 1

项目目标 ················· 1
项目描述 ················· 1
相关知识 ················· 1
 1．Android ············· 1
 2．JDK ··············· 6
 3．Android SDK ········· 7
 4．eclipse ············· 7
 5．ADT ··············· 7
 6．硬件环境 ············ 7
项目实施 ················· 9
 1．安装并设置JDK ······· 9
 2．安装elipse ·········· 13
 3．安装SDK ············ 19
项目小结 ················ 24

项目二　登录/注册模块搭建 ····· 25

项目目标 ················ 25
项目描述 ················ 25
相关知识 ················ 26
 1．布局 ··············· 26
 2．功能控件 ··········· 30
 3．活动 ··············· 31
 4．新建工程 ··········· 33
 5．事件监听器 ········· 36

 6．Toast ·············· 39
 7．Intent ············· 41
 8．数据存储 ··········· 47
项目实施 ················ 50
 1．创建工程 ··········· 50
 2．界面设计 ··········· 50
 3．编写代码 ··········· 57
实训任务 ················ 64
项目小结 ················ 64

项目三　单控/显示模块搭建 ····· 65

项目目标 ················ 65
项目描述 ················ 65
相关知识 ················ 66
 1．ImageView ·········· 66
 2．ToggleButton ······· 67
 3．JSON ·············· 67
 4．AndroidManifest文件 ·· 67
 5．多线程编程 ········· 69
项目实施 ················ 72
 1．创建新活动 ········· 72
 2．界面设计 ··········· 72
 3．代码编写 ··········· 80
实训任务 ················ 86
项目小结 ················ 86

项目四 联动模块搭建 ·················· 87

项目目标 ·································· 87
项目描述 ·································· 87
相关知识 ·································· 88
 1．CheckBox ·························· 88
 2．Spinner ···························· 88
项目实施 ·································· 89
 1．创建新活动 ························ 89
 2．界面设计 ·························· 89
 3．代码编写 ·························· 92
实训任务 ·································· 100
项目小结 ·································· 100

项目五 情景模块搭建 ·················· 101

项目目标 ·································· 101
项目描述 ·································· 101
相关知识 ·································· 102
 1．RadioButton ······················· 102
 2．时间选择控件 ····················· 103
项目实施 ·································· 104
 1．创建新活动 ························ 104
 2．界面设计 ·························· 104
 3．代码编写 ·························· 107
实训任务 ·································· 110
项目小结 ·································· 110

项目六 绘图模块搭建 ·················· 111

项目目标 ·································· 111
项目描述 ·································· 111
相关知识 ·································· 112
 1．自定义View ······················· 112
 2．Paint ······························ 113
 3．Canvas ···························· 113
项目实施 ·································· 116
 1．创建新活动 ························ 116
 2．界面设计 ·························· 116
 3．代码编写 ·························· 120
实训任务 ·································· 125
项目小结 ·································· 126

附录A 安卓类库说明 ·················· 127

附录B Android Manifest权限 ··· 131

附录C eclipse常用快捷键 ········ 136

附录D 试题 ·························· 140

试题一 ···································· 140
试题二 ···································· 144
试题三 ···································· 149

项目一
开发环境搭建

项目目标

- 了解 Android 系统结构以及 Android 开发工具的使用。
- 完成开发环境的搭建。

项目描述

在正式开发移动应用之前，详细介绍了移动开发中常见的各个知识点，包括 Android、JDK、SDK、eclipse 和 ADT。在读者了解理论知识后，详细讲解了搭建 Android 开发环境的步骤，分别为 JDK 的安装、JDK 环境变量的配置、eclipse 开发软件的安装、SDK 的安装、ADT 插件的安装和安卓模拟器的使用。

相关知识

因为 Android 程序都是用 Java 语言编写的，所以本书的读者需要有一定的 Java 基础。Java 入门知识不在本书的介绍范围之内，若读者之前从未接触过 Java，建议先学习 Java。在开始搭建 Android 开发环境之前，先向读者介绍一下 Android 的开发环境及其开发工具。

1. Android

Android 是一种基于 Linux 的自由及开放源代码的操作系统。Android 操作系统最初由 Andy Rubin 开发，主要支持手机。

Android 系统于 2005 年 8 月由 Google 收购注资。2007 年 11 月，Google 与 84 家硬件制造商、软件开发商及电信营运商组建开放手机联盟，共同研发改良 Android 系统。随后，Google 以 Apache 开源许可证的授权方式，发布了 Android 的源代码。第一部 Android 智能手机发布于 2008 年 10 月。此后，Android 系统逐渐扩展到平板计算机及其他领域，如电视、数码照相机、游戏机等。

2011 年第一季度，Android 在全球的市场份额首次超过塞班系统，跃居全球第一。2013 年的第四季度，Android 平台手机的全球市场份额已经达到 78.1%。在 2013 年 9 月 24 日，谷歌开发的操作系统 Android 迎来了 5 岁生日，此时，全世界采用这款系统的设备数量已经达到 10 亿台。2014 年第一季度 Android 平台已占所有移动广告流量来源的 42.8%。2017 年 3 月，从 Statcounter 的网络活跃度看，谷歌的安卓系统占比 37.93%，已成为最活跃的操作系统。

Android 在正式发行之前，最开始拥有两个内部测试版本，并且以著名的机器人名称来对其进行命名，分别是：阿童木（Android Beta）、发条机器人（Android 1.0）。后来谷歌将其命名规则变更为用甜点作为系统版本代号的命名方法，如表 1-1 所示。

表1-1 Android系统用甜点作为系统版本代号的命名方法

安卓版本号		API版本号	发布日期
Android 1.1 - Petit Four – 花式小蛋糕		2	2008年9月
Android 1.5 – Cupcake – 纸杯蛋糕		3	2009年4月30日
Android 1.6 – Donut – 甜甜圈		4	2009年9月15日
Android 2.0/2.0.1/2.1 – Eclair – 松饼		5/6/7	2009年10月26日
Android 2.2/2.2.1 –Froyo – 冻酸奶		8	2010年5月20日

续表

安卓版本号		API版本号	发布日期
Android 2.3 – Gingerbread – 姜饼		9	2010年12月7日
Android 3.0/3.1/3.2 – Honeycomb – 蜂巢		11/12/13	2011年2月2日/ 2011年5月11日/ 2011年7月13日
Android 4.0 - Ice Cream Sandwich – 冰激凌三明治		14	2011年10月19日
Android 4.1/4.2/4.3 - Jelly Bean – 果冻豆		16/17/18	2012年6月28日/ 2012年10月30日 2013年7月25日
Android 4.4 – KitKat – 奇巧巧克力		19	2013年11月1日
Android 5.0/5.1 – Lollipop – 棒棒糖		21/22	2014年10月16日
Android 6.0 – Marshmallow – 棉花糖		23	2015年5月28日
Android 7.0 – Nougat – 牛轧糖		24	2016年5月18日

为了更好地了解Android操作系统，先看一下它的系统架构。Android大致可以分为四层架构，五块区域，如图1-1所示。

图1-1　Android的架构和区域

（1）Linux内核层

Android系统是基于Linux内核的，这一层为Android设备的各种硬件提供了底层的驱动，如显示驱动、声音驱动、照相机驱动、蓝牙驱动、Wi-Fi驱动、电源管理等。

（2）库文件层

库文件层通过C/C++库为Android系统提供主要的特性支持。例如，SQLite库提供了数据库的支持，OpenGL/ES库提供了3D绘图的支持，WebKit库提供了浏览器内核的支持等。

同样在库文件层还有Android运行库，它主要提供一些核心库，能够允许开发者使用Java语言编写Android应用。另外，Android运行库中还包含了Dalvik虚拟机，它使得每个Android应用都能运行在独立的进程中，并且拥有一个自己的Dalvik虚拟机实例。相较于Java虚拟机，Dalvik是专门为移动设备定制的，它针对手机内存、CPU性能有限等情况做了优化处理。

（3）应用框架层

应用框架层主要提供构建应用程序时可能用到的各种API，Android自带的一些核心应用就是使用这些API完成的，开发者也可以通过使用这些API构建自己的应用程序。

（4）应用层

所有安装在手机上的应用程序都属于这一层，比如系统自带的联系人、短信等程序，从Google Play上下载的小游戏、自己开发的程序等。

Android系统可提供以下内容供开发者开发应用程序：

（1）四大组件

Android 系统四大组件分别是活动（Activity）、服务（Service）、内容提供器（Content Provider）和广播接收器（Broadcast Receiver）。

① Activity：一个 Activity 通常就是一个单独的屏幕（窗口）。Activity 之间可以通过 Intent 进行通信。Android 应用中每个 Activity 都必须在 AndroidManifest.xml 配置文件中声明，否则系统将不识别也不执行该 Activity。

② Service：用于在后台完成用户指定的操作。Service 分为两种：started（启动）——当应用程序组件（如 Activity）调用 startService() 方法启动服务时，服务处于 started 状态；bound（绑定）——当应用程序组件调用 bindService() 方法绑定到服务时，服务处于 bound 状态。

startService() 与 bindService() 的区别在于启动服务是由其他组件调用 startService() 方法启动的，这导致服务的 onStartCommand() 方法被调用。当服务是 started 状态时，其生命周期与启动它的组件无关，并且可以在后台无限期运行，即使启动服务的组件已经被销毁。因此，服务需要在完成任务后调用 stopSelf() 方法停止，或者由其他组件调用 stopService() 方法停止。使用 bindService() 方法启动服务，调用者与服务绑定在了一起，调用者一旦退出，服务也就终止。

Service 通常位于后台运行，它一般不需要与用户交互，因此 Service 组件没有图形用户界面。Service 组件需要继承 Service 基类。Service 组件通常用于为其他组件提供后台服务或监控其他组件的运行状态。开发人员需要使用 <service></service> 标签，在应用程序配置文件中声明全部的 Service。

③ Content Provider：可以将一个应用程序的指定数据集提供给其他应用程序使用。其他应用可以通过 Content Resolver 类从该内容提供者中获取或存入数据。开发人员不会直接使用 Content Provider 类的对象，大多数是通过 Content Resolver 对象实现对 Content Provider 的操作。

Content Provider 实现数据共享，用于保存和获取数据，并使其对所有应用程序可见。这是不同应用程序间共享数据的唯一方式，因为 Android 没有提供所有应用共同访问的公共存储区。只有需要在多个应用程序间共享数据时才需要内容提供者。例如，通讯录数据被多个应用程序使用，且必须存储在一个内容提供者中。它的好处是统一数据访问方式。

Content Provider 使用 URI（统一资源标识符）来唯一标识其数据集，这里的 URI 以 content:// 作为前缀，表示该数据由 Content Provider 来管理。

④ Broadcast Receiver：可以使用它对外部事件进行过滤，只对感兴趣的外部事件（如当电话呼入时，或者数据网络可用时）进行接收并做出响应。广播接收器没有用户界面，但是可以启动一个 Activity 或 Service 来响应它们收到的信息，或者用 NotificationManager 来通知用户。通知可以用很多种方式来吸引用户的注意，例如闪动背灯、震动、播放声音等。一般是在状态栏上放一个持久的图标，用户可以打开它并获取消息。

广播接收器的注册有两种方法，分别是程序动态注册和 AndroidManifest 文件中进行静态注册。动态注册广播接收器的特点是当用来注册的 Activity 关掉后，广播也就失效了。静态注册无须担忧广播接收器是否被关闭，只要设备是开启状态，广播接收器也是打开着的。也就是说，哪怕 APP 本身未启动，该 APP 订阅的广播在触发时也会对它起作用。

（2）丰富的系统控件

Android 系统提供了丰富的系统控件，使得开发者可以很轻松地编写出漂亮的界面。当然，如果开发人员不满足于系统自带的控件效果，也完全可以定制属于自己的控件。

（3）SQLite 数据库

Android 系统还自带了这种轻量级、运算速度极快的嵌入式关系型数据库。它不仅支持标准的 SQL 语法，还可以通过 Android 封装好的 API 进行操作，让存储和读取数据变得非常方便。

（4）地理位置定位

移动设备和 PC 相比，地理位置定位功能是很大的一个亮点。现在的 Android 手机都内置有 GPS，走到哪里都可以定位到自己的位置。

（5）强大的多媒体

Android 系统还提供了丰富的多媒体服务，如音乐、视频、录音、拍照、闹铃等，这些都可以在程序中通过代码进行控制，让应用程序变得更加丰富多彩。

（6）传感器

Android 手机中都会内置多种传感器，如加速度传感器、方向传感器等，这也算是移动设备的一大特点。通过灵活地使用这些传感器，开发人员可以做出很多在 PC 上根本无法实现的应用。

2. JDK

JDK 是 Java 语言的软件开发工具包，可以用于移动设备、嵌入式设备上的 Java 应用程序。JDK 是 Java 开发的核心，包含了 Java 的运行环境（JVM+ 系统类库）和 Java 工具。

JDK 包含的基本组件包括：

① javac（编译器）：将源程序转成字节码。

② jar（打包工具）：将相关的类文件打包成一个文件。

③ javadoc（文档生成器）：从源码注释中提取文档。

④ jdb（debugger）：查错工具。

JDK 中还包括完整的 Java 运行环境（Java Runtime Environment，JRE），也称为 Private Runtime，包括了用于产品环境的各种库类，以及给开发员使用的补充库，如国际化的库、IDL 库。

从初学者角度来看，采用 JDK 开发 Java 程序能够很快理解程序中各部分代码之间的关系，有利于理解 Java 面向对象的设计思想。JDK 的另一个显著特点是随着 Java 版本的升级而升级。但它的缺点也是非常明显的，即从事大规模企业级 Java 应用开发非常困难，不能进行复杂的 Java 软件开发，也不利于团体协同开发。

JDK 一般有 3 种版本：Java SE（标准版）是通常使用的一个版本，它是整个 Java 技术的核心和基础；Java EE（企业版）是 Java 技术中最广泛的部分，提供了企业应用开发相关的完整解决方案；Java ME（小型版），使用这种 JDK 开发的应用程序主要用于移动设备、嵌入式设备上。

JDK 是许多 Java 专家最初使用的开发环境。尽管许多编程人员已经使用第三方的开发工具，但 JDK 仍被当作 Java 开发的重要工具。

JDK 由一个标准类库和一组建立、测试及建立文档的 Java 实用程序组成。其核心 Java API

是一些预定义的类库，开发人员需要用这些类来访问 Java 语言的功能。Java API 包括一些重要的语言结构和基本图形、网络和文件 I/O。一般来说，Java API 的非 I/O 部分对于运行 Java 的所有平台是相同的，而 I/O 部分则仅在通用 Java 环境中实现。

3. Android SDK

SDK（Software Development Kit，软件开发工具包）是 Google 公司提供的 Android 开发工具包，被软件开发工程师用于特定的软件包、软件框架、硬件平台、操作系统等建立应用软件的开发工具的集合。因此，Android SDK 指的是 Android 专属的软件开发工具包。也就是说，Android SDK 包含了安卓的整个类库，如果不安装 Android SDK，会导致开发人员无法做任何开发工作。

4. eclipse

eclipse 是一个开放源代码的、基于 Java 的可扩展开发平台。就其本身而言，它只是一个框架和一组服务，用于通过插件组件构建开发环境。幸运的是，eclipse 附带了一个标准的插件集，包括 Java 开发工具（Java Development Kit，JDK）。

虽然大多数用户都将 eclipse 当作 Java 集成开发环境（IDE）来使用，但 eclipse 的目标却不仅限于此。eclipse 还包括插件开发环境（Plug-in Development Environment，PDE），这个组件主要针对希望扩展 eclipse 的软件开发人员，因为它允许他们构建与 eclipse 环境无缝集成的工具。由于 eclipse 中的每样东西都是插件，对于给 eclipse 提供插件，以及给用户提供一致和统一的集成开发环境而言，所有工具开发人员都具有同等的发挥场所。

这种平等和一致性并不仅限于 Java 开发工具。尽管 eclipse 是使用 Java 语言开发的，但它的用途并不限于 Java 语言，例如，支持诸如 C/C++、COBOL、PHP、Android 等编程语言的插件已经可用。eclipse 框架还可用来作为与软件开发无关的其他应用程序的基础，如内容管理系统。

除了 eclipse 外，同样适合开发 Android 程序的 IDE 还有 IntelliJ IDEA、Android Studio 等。本书选用 eclipse 作为开发工具。

5. ADT

ADT 全称 Android Development Tools，是 Google 提供的一个 eclipse 插件，用于在 eclipse 中提供一个强大的、高度集成的 Android 开发环境。安装 ADT 后，不仅可以联机调试，而且还能够模拟各种手机事件、分析程序性能等。由于它是 eclipse 的插件，所以不需要单独下载，在 eclipse 中在线安装即可。

6. 硬件环境

（1）环境拓扑图

除了软件环境，硬件环境也是必需的。本书的所有开发都是基于如图 1-2 所示环境进行的，可以看到整个环境中有一个服务器端、一个路由器和一个终端设备，即图中的嵌入式移动教学套件，其中嵌入式移动教学套件也可以使用 Android 自带的模拟器替代。

在图 1-2 中，各硬件之间在实际应用中的通信过程主要分为两部分：第一部分是数据的监测；第二部分是执行器件的控制。

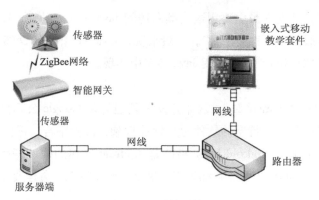

图1-2 硬件环境

① **监测**：当传感器收到监测数据后，传感器会将数据通过 ZigBee 网络传输到智能网关中的协调器，然后再由智能网关打包数据（在全国职业院校技能大赛中则使用的是 A8 网关和协调器），转发给服务器。服务器接收数据后进行解析与计算，将最终的数据发送到手机客户端，呈现在客户面前，如图 1-3 所示。

图1-3 监测并转发数据

② **执行器件的控制**：客户端来发出控制命令，服务器接收到控制命令后会将其转发给智能网关，在智能网关中会对控制命令进行识别，若匹配，则会下发至网关中的协调器，再由协调器下发给执行器节点，最后执行器执行相应的动作，如图 1-4 所示。

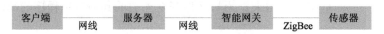

图1-4 控制并执行相应的动作

(2) 硬件设备

在进行开发之前，还需要了解一下硬件设备，本书所提供的硬件设备包括智能网关、Android 终端及多个传感器等设备，各传感器名称及板号如表 1-2 所示。

表1-2 各传感器的名称及板号

设备名称	板号	设备名称	板号
温湿度监测器	4	人体红外监测器	2
照度监测器	5	LED射灯	11
烟雾探测器	6	电动窗帘	10
燃气探测器	7	电视、空调、DVD	1
二氧化碳监测器	13	换气扇	12
PM2.5监测器	8	报警灯	9
气压监测器	3	门禁系统	14

系统设备之间的数据通信采用 ZigBee 协议，通过本书的学习，可以做到通过手机 APP 实现对硬件设备的控制。

本书可配套企想嵌入式移动教学套件箱来进行实训，箱子分成三部分：左边上面一部分为 A8 网关的核心板（包括 HDMI 口、OTG 调试口、网口、模式切换等），左边下面一部分为 ZigBee、Wi-Fi、GPRS、GPS 等，右边为 A8 网关屏幕和键盘，如图 1-5 所示。

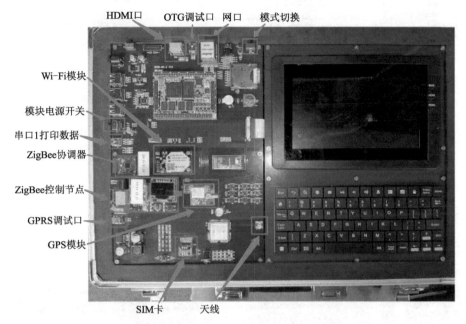

图1-5　嵌入式移动教学套件

其中，ZigBee、Wi-Fi、GPRS、GPS 这 4 个模块都可以通过 A8 网关的 APP 进行实验和操作，并且本教学套件也可作为安卓实验箱来使用，适用于学校对嵌入式移动教学课程的应用。实验箱的模块可提供对 Android 由浅入深的开发，利于学生学习掌握，可以对众多种类的通信方式进行试验（Wi-Fi、GPRS、ZigBee、串口、网口），其丰富的实验样本可以让学生直观地了解程序的结构和细节，以达到事半功倍的效果。

项目实施

1. 安装并设置 JDK

① 搭建环境的第一步就是安装 JDK，进入 Oracle 官网 http://www.oracle.com/technetwork/java/javase/downloads/jdk8-downloads-2133151.html，下载最新版 Java JDK，如图 1-6 所示。

② 进入 JDK 的下载页面，选择 Accept License Agreement，根据自己的操作系统选择相应的 JDK 版本并点击下载，这里选择 Windows x64。书中选择的 JDK 版本为 8u131 版本。

③ 下载完成后，双击 JDK 安装包（jdk-8u131-windows-x64.exe），进入安装向导，如图 1-7 所示。

④ 选择 JDK 的安装路径，单击"下一步"按钮，如图 1-8 所示。

⑤ 选择 JRE 的安装路径，单击"下一步"按钮，如图 1-9 所示。JRE 是运行 Java 程序必需的环境，包含 JVM 及 Java 核心类库。

⑥ 单击"关闭"按钮，完成 JDK 的安装，如图 1-10 所示。

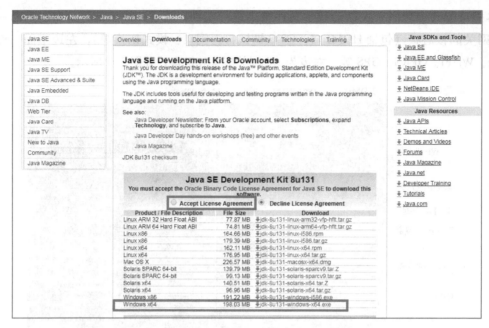

图1-6　JDK下载界面

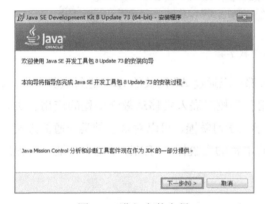

图1-7　进入安装向导

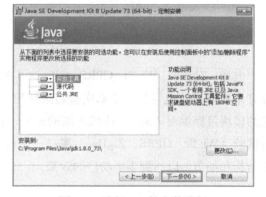

图1-8　选择JDK的安装路径

图1-9　选择JRE的安装路径

图1-10　完成JDK安装

⑦ 验证JDK是否安装成功。按【Win+R】组合键,在弹出的"运行"对话框中输入cmd（见图1-11）,运行DOS窗口。

图1-11 "运行"对话框

⑧ 在 DOS 窗口中输入命令：java -version（注意，这里用的是 Java 命令，-version 表示查看版本信息）。如果显示出如图 1-12 中所示的 Java 的版本，则表示 JDK 安装成功。

图1-12 查看版本信息

⑨ 安装好 JDK 后，需要将 JDK 路径加入系统环境变量中。右击桌面上的"计算机"图标，选择"属性"命令，打开图 1-13 所示窗口。

图1-13 单击"高级系统设置"超链接

⑩ 单击左侧的"高级系统设置"超链接，弹出图 1-14 所示的"系统属性"对话框。

⑪ 单击底部的"环境变量"按钮，弹出图 1-15 所示的"环境变量"对话框。

图1-14 "系统属性"对话框

图1-15 "环境变量"对话框

⑫ 单击"新建"按钮，新建一个系统变量，设置变量名为 JAVA_HOME，变量值为 JDK 安装路径，单击"确定"按钮完成创建，如图 1-16 所示。

⑬ 编辑系统变量 CLASSPATH，若没有该变量可以新建一个，变量值为".;%JAVA_HOME%\lib\dt.jar;%JAVA_HOME%\lib\tools.jar;"（引号内的内容为变量值，同时注意变量值前有一个"."），单击"确定"按钮，完成编辑，如图 1-17 所示。

图1-16 "编辑系统变量"对话框

⑭ 编辑系统变量 Path，将"%JAVA_HOME%\jre\bin;"添加至变量值中，单击"确定"按钮，如图 1-18 所示。

图1-17 编辑系统变量CLASSPATH

图1-18 编辑系统变量Path

⑮ 验证一下环境变量是否生效，运行 DOS 窗口，在窗口中输入命令 javac，如果显示图 1-19 所示内容，则表示环境变量配置成功。

图1-19　验证环境变量配置是否生效

2. 安装 elipse

JDK 安装完成后，还需要安装 elipse，本书介绍两种安装方式：一种是压缩包安装方式；另一种是在线安装方式。为了便于安装，本书提供了绿色的安装包。安装步骤如下：

① 解压 adt-bundle-windows-x86.rar 文件，解压后会得到 adt-bundle-windows-x86 文件夹，如图 1-20 所示。

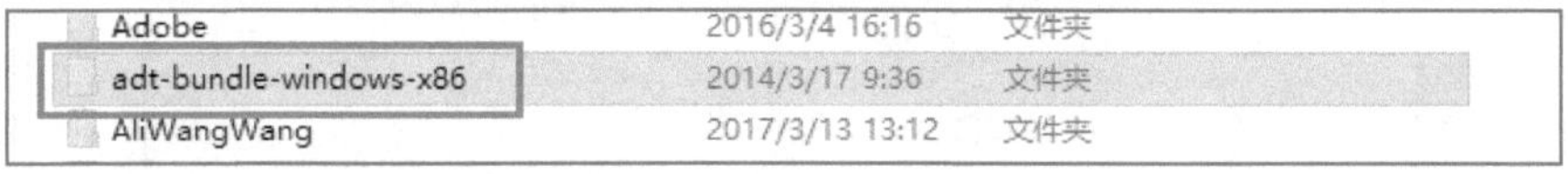

图1-20　解压文件

② 双击进入，再双击进入 eclipse 文件夹，就可以看到 eclipse.exe 文件（见图 1-21），双击此文件即可打开 eclipse 软件。

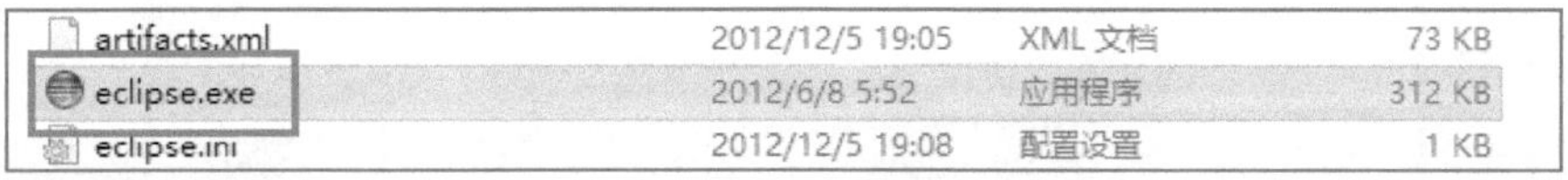

图1-21　打开eclipse软件

③ 如果有需要，也可以将 eclipse 转换为中文界面，解压后会得到 eclipse 目录，然后双击进入此目录，可以看到 features 和 plugins 两个文件夹，如图 1-22 所示。

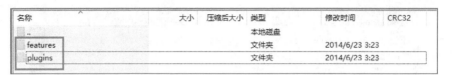

图1-22 查看features和plugins文件夹

④ 将这两个文件夹复制，然后到刚才安装的绿色版 eclipse 处，找到 adt-bundle-windows-x86 目录下的 eclipse 文件夹，双击进入文件夹后，粘贴刚才复制的两个文件夹，替换掉绿色安装版本身的这两个文件夹即可，如图 1-23 所示。之后再运行 eclipse.exe 快捷方式打开 eclipse 时即可显示中文版。

图1-23 替换文件夹

在线安装的方法如下：

① 通过 eclipse 下载地址 https://www.eclipse.org/downloads/eclipse-packages/，打开网址，如图 1-24 所示，选择 Eclipse IDE for Eclipse Committers 对应的版本，本书使用的系统是 Windows 64 位系统，所以此处选择 64 位。

图1-24 选择eclipse下载版本

② 进入下载页面，单击 DOWNLOAD 按钮开始下载，如图 1-25 所示。

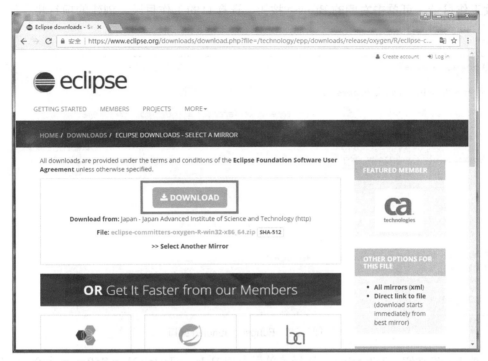

图 1-25　开始下载

③ 下载后的文件是一个压缩包，eclipse 不需要安装，直接解压即可使用，解压该压缩包之后的目录结构如图 1-26 所示。

图 1-26　压缩包的目录结构

④ 安装 ADT 插件。双击 ●eclipse 图标，打开 eclipse，弹出图 1-27 所示窗口。如果想要更改工作目录，可单击右侧的 Browse 按钮，选择目的工作目录，创建的项目将存储在该目录下。

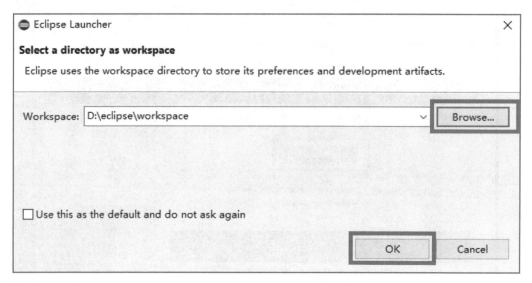

图1-27　Eclipse Launcher窗口

⑤ 单击 OK 按钮，打开 eclipse，选择菜单栏中的 Help → Install New Software 命令，如图 1-28 所示。

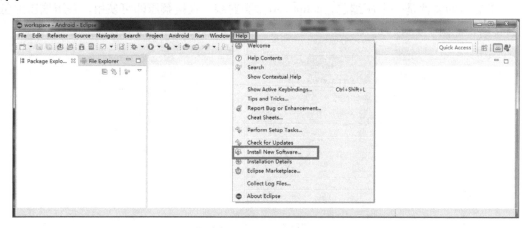

图1-28　eclipse窗口

⑥ 打开图 1-29 所示的 Install 窗口中单击右侧的 Add 按钮。

⑦ 弹出图 1-30 所示对话框，输入 Name 和 Location 的内容，分别为 ADT 和 https://dl-ssl.google.com/android/eclipse/，单击 OK 按钮。

⑧ 此时，Install 窗口中多了 Developer Tools 插件（见图 1-31），选中所有插件，单击 Next 按钮进入下一步。

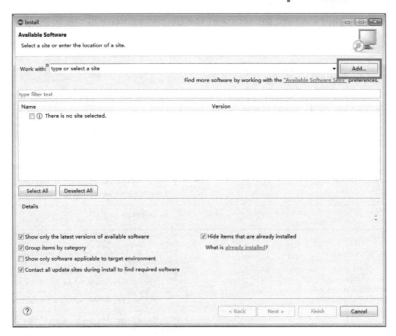

图1-29 Install窗口

图1-30 Add Repository对话框

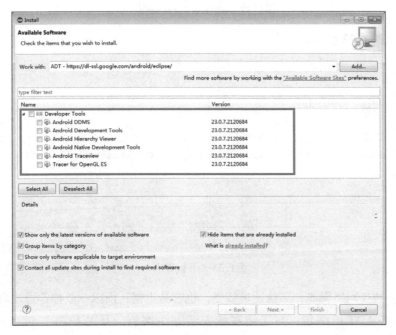

图1-31 选中所有插件

⑨ 选中图 1-32 所示的 I accept the terms of the license agreements 单选按钮，单击 Finish 按钮开始下载。

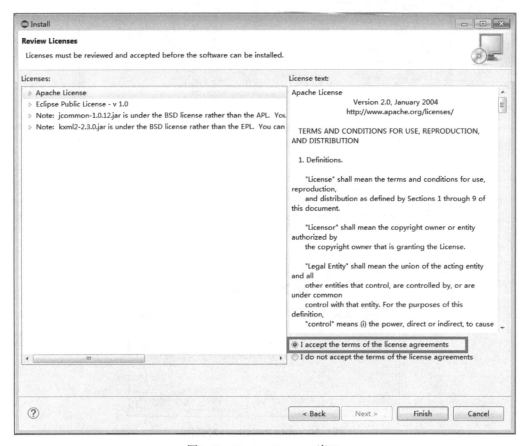

图1-32　Review Licenses窗口

下载界面如图 1-33 所示。

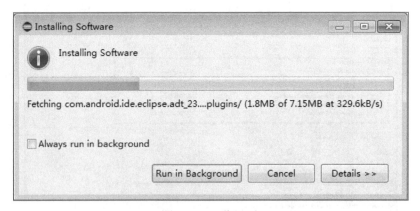

图1-33　下载界面

因为在线安装受网络限制，下载速度较慢，也容易出错，所以一般推荐通过离线安装 ADT，先从网上下载好 ADT 压缩包，与上述在线安装方法类似，只是在图 1-34 所示这一步单击 Archive 按钮，选择 ADT 压缩包所在的路径，将压缩包导入，后续步骤与在线安装相同。需要注意的是，必须安装与 Android SDK 版本相应的或更高版本的 ADT。

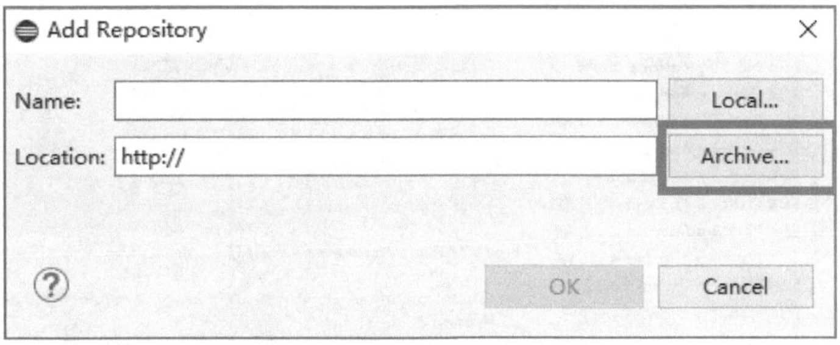

图1-34 选择ADT压缩包所在路径

3. 安装 SDK

① 选择 SDK 版本。SDK Manager 就是 Android SDK 的管理器，双击打开它可以看到所有可下载的 Android SDK 版本。由于 Android 版本非常多，全部都下载会很耗时，又因为本书开发的程序主要面向 Android 4.0 以后的系统，因此这里只勾选 API 14 以上的 SDK 版本，如图 1-35 所示。

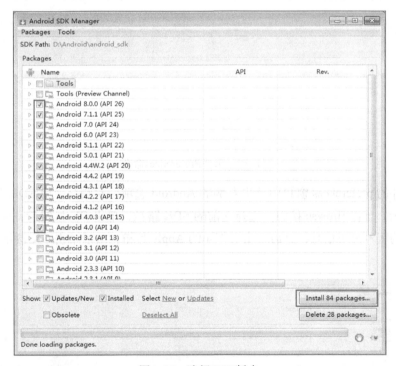

图1-35 选择SDK版本

② 单击右下角的 Install 84 packages 按钮，然后会进入到一个确认安装界面，如图 1-36 所示。

③ 选中右下角的 Accept License 单选按钮，然后单击 Install 按钮开始下载。SDK 下载完成后，所有下载好的内容都放在了 sdk 目录下，除了开发工具包外，里面还包含文档、源码、示例等。

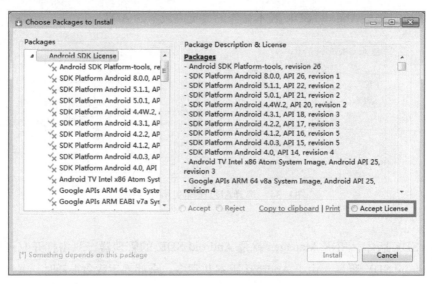

图1-36 确认安装界面

④ 打开 eclipse，选择菜单栏中的 Window → Perference 命令，如图 1-37 所示。

图1-37 选择Preferences命令

⑤ 在打开的 preferences 窗口中单击左侧的 Android 选项，右侧会弹出 SDK 路径配置界面，如图 1-38 所示。单击 Browse 按钮，选择之前的 SDK 路径，单击 OK 按钮后，会看到右侧表格中出现 SDK 的版本号等信息，之后单击右下角的 Apply 按钮，最后单击 OK 按钮，SDK 的环境就配置成功。

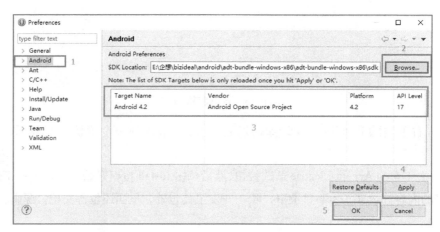

图1-38 配置SDK路径

为了方便进行开发，可以打开 eclipse 自动提示功能，选择 Window → Perference 命令，打开图 1-39 所示窗口。单击 Java 选项前的小箭头，在下拉选项中单击 Editor 前的小箭头，选择 Content Assist，在右侧窗口的 Auto activation triggers for Java 右侧的文本框中输入".abcdefghijklmnopqrstuvwxyz"，即"."后面加上 26 个字母，最后单击 OK 按钮，这样就可以显示出以字母开头的函数、参数的自动提示。

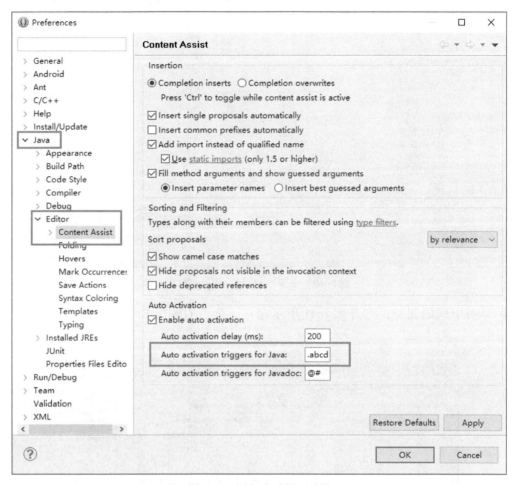

图 1-39　添加自动提示功能

有 Java 基础的读者应该对 eclipse 界面比较熟悉，不过安装过 ADT 的 eclipse 与开发 Java 时的界面略有不同，会多出几个图标，如图 1-40 所示。

最左边的图标是 Android SDK 管理器，单击它和单击 SDK Manager 效果是一样的。中间的图标是用来开启 Android 模拟器的，如果没有 Android 真机，用模拟器调试是一个很好的选择。最右边的图标是用来进行代码检查的。下面创建一个模拟器：

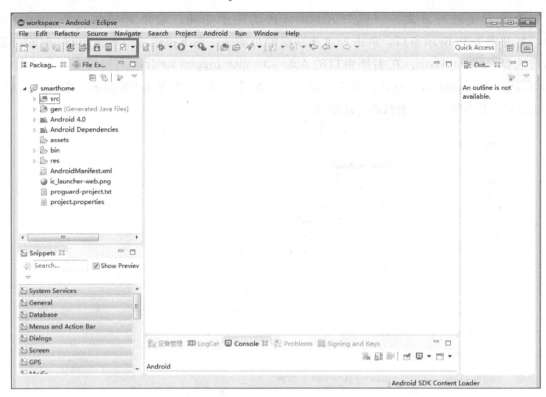

图1-40　安装过ADT的eclipse窗口

① 单击中间的图标，打开图 1-41 所示窗口，单击右侧的 Create 按钮创建一个新的模拟器。

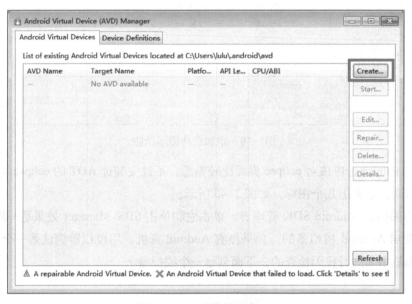

图1-41　创建模拟器窗口

② 在弹出的 Create new Android Virtual Device（AVD）对话框中，输入模拟器的名称，选择 Device 和 Target 后，单击 OK 按钮创建模拟器，如图 1-42 所示。

> 项目一 开发环境搭建

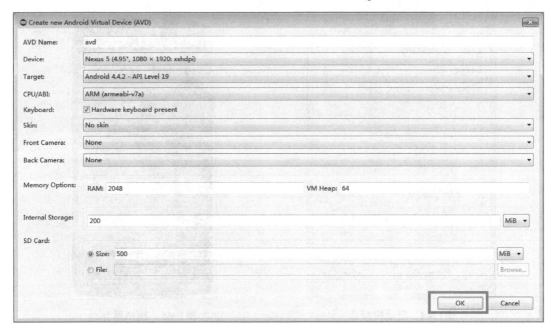

图1-42 设置相关参数

③ 创建完成后会在窗口中显示刚创建的模拟器（见图 1-43），选中此模拟器，单击 Start 按钮。

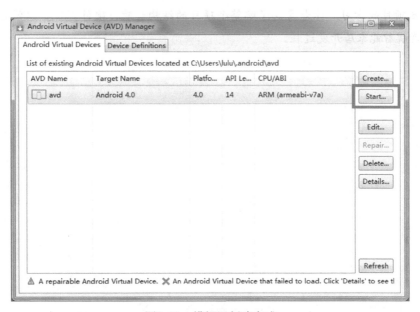

图1-43 模拟器创建完成

④ 在弹出的对话框中单击 Launch 按钮，就可以启动模拟器，如图 1-44 所示。

模拟器会像手机一样，有一个开机过程，启动完成之后的界面如图 1-45 所示。Android 开发环境搭建完成后，就可以开始进行 Android 开发了。

23

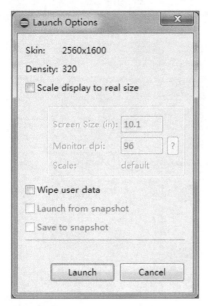
图1-44　启动模拟器

图1-45　模拟器界面

项目小结

本项目主要介绍了 Android 系统以及开发 Android 应用程序所需要的开发工具和开发环境的搭建。通过本项目的学习，读者需要了解整个项目的结构和软、硬件环境，以便在接下来的项目中更好地理解智能家居开发过程。

项目二
登录/注册模块搭建

 项目目标

- 会在 eclipse 中创建新的工程项目。
- 学会布局界面的设计和监听器事件、界面跳转事件的实现。
- 会利用 Toast 完成提示功能。
- 掌握 Android 数据库 SQLite 的使用。

项目描述

设计一个应用程序，完成登录/注册功能，并存储用户名和密码，创建项目，完成登录/注册界面设计，编写程序，实现登录/注册功能。具体要求如下：

① 通过 IP 地址和端口登录界面，根据用户名和密码完成界面登录功能，若用户名与密码不匹配或用户不存在，使用 Toast 用户提醒控件显示提示信息框。登录界面如图 2-1 所示。

图 2-1　登录界面

② 单击"注册"按钮,进入注册界面,注册时要求用户名、密码不为空,注册完成,需将用户名密码存储至数据库中,注册成功时提示"注册成功",单击"关闭"按钮,返回登录界面。注册界面如图 2-2 所示。

图2-2 注册界面

相关知识

1. 布局

Android 设计中包括界面设计和代码编写两大部分,界面中常用的五大布局方式如下:

(1) LinearLayout

LinearLayout(线性布局)是一种常用的布局。这个布局会将它所包含的控件在线性方向上依次排列,如图 2-3 所示。

(a)水平分布

图2-3 线性布局

(b) 垂直分布

图2-3 线性布局（续）

LinearLayout 具有 4 个极其重要的属性，直接决定元素的布局和位置：

① android:layout_gravity：本元素相对于父元素的重力方向。

② android:gravity：本元素所有子元素的重力方向。

③ android:orientation：线性布局以列或行来显示内部子元素。

④ android:layout_weight：子元素对未占用空间水平或垂直分配权重值。

当 android:orientation="vertical" 时，表示布局中的控件都是垂直分布的，且只有水平方向的设置才起作用，垂直方向的设置不起作用，即 left、right、center_horizontal 是生效的。

当 android:orientation="horizontal" 时，表示布局中的控件都是水平分布的，且只有垂直方向的设置才起作用，水平方向的设置不起作用，即 top、bottom、center_vertical 是生效的。

还有两个属性是使用频率最高的：android:layout_height 和 android:layout_width，一般有 match_parent、warp_content 和 fill_parent 选项：

① match_parent：强制性让它布满整个屏幕或填满父控件的空白。

② wrap_content：表示大小刚好足够显示当前控件中的内容。

③ fill_parent：从 Android 2.2 开始之后的版本中 fill_parent 和 match_parent 表示的意思是一样的。

(2) FrameLayout

FrameLayout（帧布局）是从屏幕的左上角（0,0）坐标开始布局，多个组件层叠排列，第一个添加的组件放到最底层，最后添加到框架中的视图显示在最上面。上一层的会覆盖下一层的控件，如图 2-4 所示。

(3) TableLayout

TableLayout（表格布局）是一个 ViewGroup 以表格显示它的子视图（View）元素，即行和列标识一个视图的位置，如图 2-5 所示。

表格布局常用的属性如下：

① android:collapseColumns：隐藏指定的列。

② android:shrinkColumns：收缩指定的列以适合屏幕，不会溢出屏幕。

图2-4　帧布局

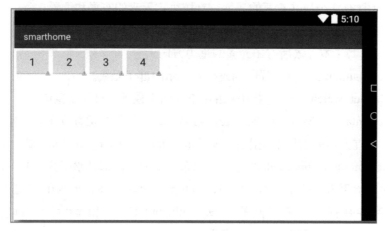

图2-5　表格布局

③ android:stretchColumns：尽量把指定的列填充空白部分。

④ android:layout_column：控件放在指定的列。

⑤ android:layout_span：该控件所跨越的列数。

(4) RelativeLayout

RelativeLayout（相对布局）是按照组件之间的相对位置来布局，例如在某个组件的左面、右面、上面和下面等，如图 2-6 所示。

RelativeLayout 常用的属性如下：

① android:layout_centerHrizontal：水平居中。

② android:layout_centerVertical：垂直居中。

③ android:layout_centerInparent：相对于父元素完全居中。

④ android:layout_alignParentBottom：贴紧父元素的下边缘。

⑤ android:layout_alignParentLeft：贴紧父元素的左边缘。

⑥ android:layout_alignParentRight：贴紧父元素的右边缘。

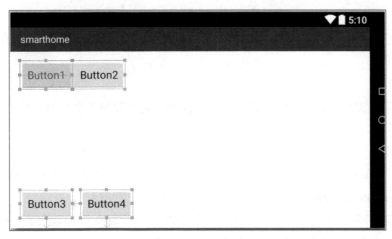

图2-6　相对布局

⑦ android:layout_alignParentTop：贴紧父元素的上边缘。

⑧ android:layout_alignWithParentIfMissing：如果对应的兄弟元素找不到，就以父元素做参照物。

（5）GridLayout

GridLayout（网格布局）把整个容器划分为 rows × columns 个网格，每个网格可以放置一个组件，如图 2-7 所示。性能及功能都要比 TableLayout 好，例如 GridLayout 布局中的单元格可以跨越多行，而 TableLayout 则不行。此外，其渲染速度也比 TableLayout 要快。

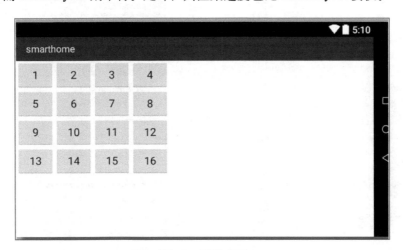

图2-7　网格布局

GridLayout 常用的属性如下：

① android:alignmentMode：设置该布局管理器采用的对齐模式。

② android:columnCount：设置该网格的列数量。

③ android:rowCount：设置该网格的行数量。

④ android:rowOrderPreserved：设置该网格容器是否保留行序号。

⑤ android:useDefaultMargins：设置该布局管理器是否使用默认的页边距。

2. 功能控件

除了布局控件，Android 界面上还需要一些功能控件，用以实现事件，下面介绍几种简单的基本功能控件。

（1）TextView

TextView 可以说是 Android 中最简单的一个控件，它主要用于在界面上显示一段文本信息，如图 2-8 所示。

TextView 中可以使用 android:id 给当前控件定义唯一标识符，使用 android:layout_height 指定控件的高度。Android 中所有的控件都具有这两个属性，可选值有 3 种：match_parent、fill_parent 和 wrap_content，其中 match_parent 和 fill_parent 的意义相同。

还可以对 TextView 中文字的大小和颜色进行修改，通过 android:textSize 属性可以指定文字的大小，通过 android:textColor 属性可以指定文字的颜色。

（2）Button

Button（按钮）继承自 TextView，它是程序用于和用户进行交互的一个重要控件，如图 2-9 所示。它可配置的属性和 TextView 差不多，可以参考 TextView 的属性进行配置。

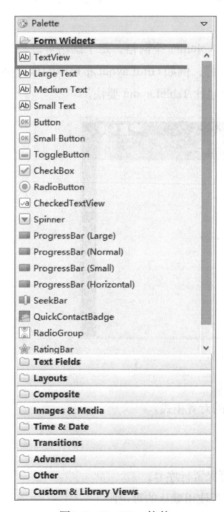

图2-8　TextView控件

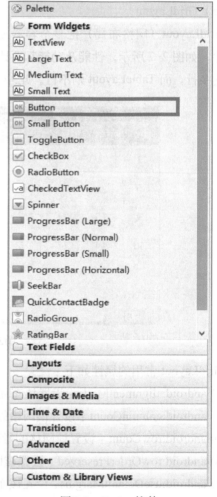

图2-9　Button控件

可以在 Activity 中为 Button 的点击事件注册监听器，这样每当点击按钮时，就会执行监听器中的 onClick() 方法，执行相应的点击事件。表 2-1 列举了一些 Button 的常用方法。

表2-1　Button的常用方法

方　　法	说　　明
setClickable(boolean clickable)	设置是否允许点击。clickable=true允许点击；clickable=false禁止点击
setBackgroundResource(int resid)	通过资源文件设置背景色。resid指资源xml文件，ID按钮默认背景为android.R.drawable.btn_default
setText(CharSequence text)	设置文字
setTextColor(int color)	设置文字颜色
setOnClickListener(OnClickListener l)	设置点击事件

（3）EditText

EditText 是程序用于和用户进行交互的另一个重要控件，可以说它是用户和 Android 应用进行数据传输的窗户，如图 2-10 所示。有了它就等于有了一扇和 Android 应用传输的门，通过它用户可以把数据传给 Android 应用，然后得到想要的数据。

EditText 是 TextView 的子类，所以 TextView 的方法和特性同样存在于 EditText 中，它允许用户在控件里输入和编辑内容，并可以在程序中对这些内容进行处理。

有时候需要说明定义的 EditText 是做什么用的，比如输入的是用户名，或者输入电话号码等，但是又不想在 EditText 前面加一个 TextView 来说明这是输入"用户名"的，因为这会使用一个 TextView，那么怎么办呢？EditText 为我们提供了 android:hint 来设置当 EditText 内容为空时显示的文本，这个文本只在 EditText 为空时显示，输入字符的时候就消失了，不影响 EditText 的文本。

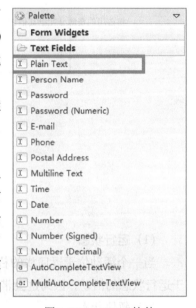

图2-10　EditText控件

3. 活动

除了布局控件和功能控件，Android 应用程序另一重要的部分就是活动。活动是一种可以包含用户界面的组件，主要用于和用户进行交互。一个应用程序中可以包含一个或多个活动，Android 中的活动是可以层叠的。每启动一个新的活动，就会覆盖在原活动之上，然后按 Back 键会撤销最上面的活动，下面的一个活动就会重新显示出来。

Android 是使用任务（Task）来管理活动的，一个任务就是一组存放在栈中的活动的集合，这个栈又称返回栈（Back Stack）。栈是一种后进先出的数据结构，在默认情况下，每当启动一个新的活动，它会在返回栈中入栈，并处于栈顶的位置。而每当按下 Back 键或调用 finish() 方法撤销一个活动时，处于栈顶的活动会出栈，这时前一个入栈的活动就会重新处于栈顶的位置。系统总是会显示处于栈顶的活动给用户，如图 2-11 所示。

每个活动在其生命周期中最多会有 4 种状态：

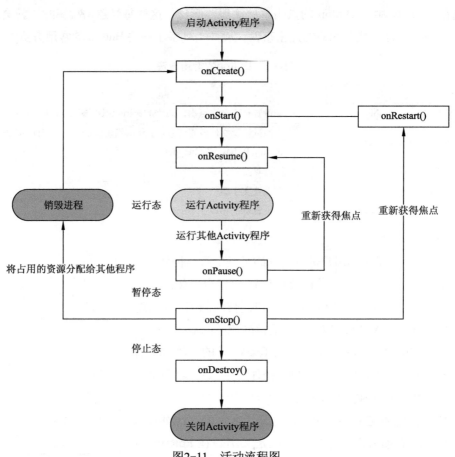

图2-11 活动流程图

(1) 运行状态

当一个活动位于返回栈的栈顶时，这个活动就处于运行状态。系统最不愿意回收的就是处于运行状态的活动，因为这会带来非常差的用户体验。

(2) 暂停状态

当一个活动不再处于栈顶位置，但仍然可见时，这时活动就进入了暂停状态。用户可能会觉得既然活动已经不在栈顶了，还怎么会可见呢？这是因为并不是每个活动都会占满整个屏幕，例如对话框形式的活动只会占用屏幕中间的部分区域。处于暂停状态的活动仍然是完全存活着的，系统也不愿意去回收这种活动（因为它还是可见的，回收可见的东西都会在用户体验方面有不好的影响），只有在内存极低的情况下，系统才会考虑回收这种活动。

(3) 停止状态

当一个活动不再处于栈顶位置，并且完全不可见的时候，就进入了停止状态。系统仍然会为这种活动保存相应的状态和成员变量，但是这并不是完全可靠的，当其他地方需要内存时，处于停止状态的活动有可能会被系统回收。

(4) 销毁状态

当一个活动从返回栈中移除后就变成了销毁状态。系统会最倾向于回收处于这种状态的活动，从而保证手机的内存充足。

4. 新建工程

Android 开发与 Java 类似，都需要新建一个工程文件，所有的操作都在这个工程文件中完成。

① 打开 eclipse，选择 File → New → Android Application Project 命令，如图 2-12 所示。

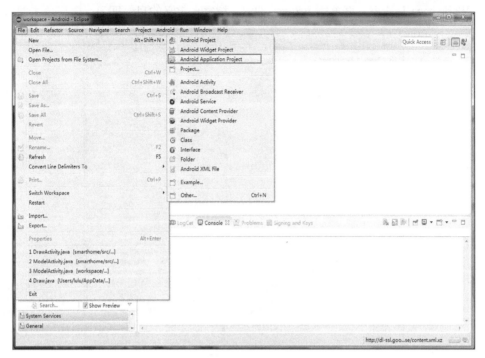

图2-12　新建一个工程文件

② 打开图 2-13 所示的窗口，给项目命名，这里以 login 为例，选择好 Android 版本（本书的所有例子都是在 Android 4.0 版本上进行开发的），单击 Next 按钮。

图2-13　命名项目

③ 在图 2-14 所示窗口中选中 Create activity 和 Create Project in Workspace 复选框，其他复选框不选择。这个界面可以自行选择工程的保存路径，默认是将工程保存在 eclipse 的 Workspace 中，一般都是在 D 盘或 C 盘的 Android 目录中，如需选择自定义的目录，可以取消选中 Create Project in Workspace 复选框，再单击 Browse 按钮，指定自定义的目录即可，之后单击 Next 按钮。

图2-14　设置项目

④ 在图 2-15 所示窗口中选中 Create Activity 复选框，创建一个空白活动，单击 Next 按钮进入下一步。

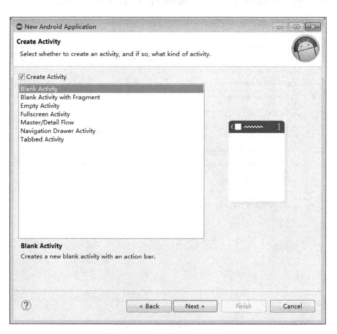

图2-15　创建空白活动

⑤ 在图 2-16 所示的窗口中给 Activity 和界面命名。要注意的是，Activity 的名称首字母一定要大写，不然会被视为非法名称。在给 Activity 命名的同时，软件会自动按照 Activity 的名称给 Layout（界面）命名。当然，Layout 的名称也可以根据自己的喜好来命名，注意首字母需要小写，单击 Finish 按钮，项目就创建好了。

图2-16　给Activity和界面命名

创建好的项目初始状态目录如图 2-17 所示。

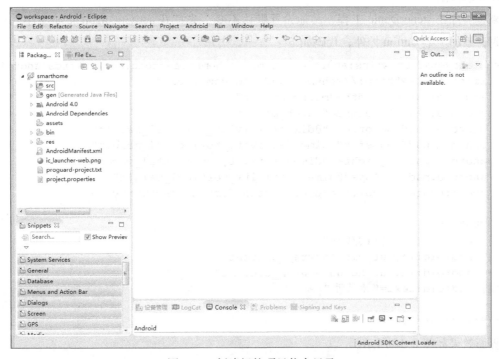

图2-17　创建好的项目状态目录

目录中各部分选项说明如下：

① src 文件夹中存放的是 Java 程序，用来编写代码实现活动。

② gen 文件中的内容都是自动生成的，主要有一个 R.java 文件，项目中添加的任何资源都会在其中生成一个相应的资源 id，它会根据 res 文件中内容自动修改，不需要编辑。

③ assets 文件夹是存放应用需要的资源文件的地方（如图片、动画等）。

④ res 文件夹也是存放应用资源文件的地方，和 assets 不同的是存放在这个文件夹中的所有资源文件都会在 R.java 文件中自动生成一个 ID，当在程序中使用它们时，不用写路径，只需调用 R.java 中变量即可。

⑤ AndroidManifest.xml 文件主要用于活动或广播的注册及 APP 属性设置。

在开发过程中需要使用到的文件基本就是上述 5 个文件。

5. 事件监听器

下面介绍 Android 中最常用到的事件监听器，它是基于监听的事件处理方式，通常做法是为 Android 界面组件绑定特定的事件监听器，在事件监听器的方法里编写事件处理代码。

基于监听的事件处理模型，主要涉及三类对象：

① EventSource（事件源）：产生事件的组件，即事件发生的场所，如按钮、菜单等。

② Event（事件）：具体某一操作的详细描述，事件封装了操作的相关信息，如果想获得事件源上所发生事件的相关信息，可通过 Event 对象来取得，例如按键事件按下的是哪个键、触摸事件发生的位置等。

③ EventListener（事件监听器）：负责监听用户在事件源上的操作（如单击），并对用户的各种操作做出相应的响应，事件监听器中可包含多个事件处理器，一个事件处理器实际上就是一个事件处理方法。

新建一个 ListenerDemo 工程，其他设置默认不变。先打开 activity_main 布局文件，修改布局代码，添加一个 Button 控件，代码如下：

```
<RelativeLayout xmlns:android="http://schemas.android.com/apk/res/android"
    xmlns:tools="http://schemas.android.com/tools"
    android:layout_width="match_parent"
    android:layout_height="match_parent"
    android:paddingBottom="@dimen/activity_vertical_margin"
    android:paddingLeft="@dimen/activity_horizontal_margin"
    android:paddingRight="@dimen/activity_horizontal_margin"
    android:paddingTop="@dimen/activity_vertical_margin"
    tools:context="com.example.listenerdemo.MainActivity" >

    <Button
        android:id="@+id/btn"
        android:layout_width="wrap_content"
        android:layout_height="wrap_content"
        android:text=" 未监听 "/>

</RelativeLayout>
```

界面效果如图 2-18 所示。

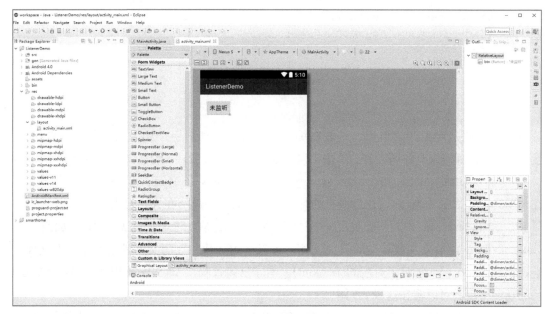

图2-18 监听界面效果

在 src 文件夹中找到自动生成的 MainActivity.java 文件并打开，可以看到，文件中已经自动生成了一些代码，如下所示：

```
package com.example.listenerdemo;

// 第一段 引用包类
import android.app.Activity;
import android.os.Bundle;
import android.view.Menu;
import android.view.MenuItem;

// 第二段
public class MainActivity extends Activity {
  @Override
  protected void onCreate(Bundle savedInstanceState) {
    super.onCreate(savedInstanceState);
    setContentView(R.layout.activity_main);
  }

  @Override
  public boolean onCreateOptionsMenu(Menu menu) {
    // Inflate the menu; this adds items to the action bar if it is present.
    getMenuInflater().inflate(R.menu.main, menu);
    return true;
  }

  @Override
  public boolean onOptionsItemSelected(MenuItem item) {
    // Handle action bar item clicks here. The action bar will
    // automatically handle clicks on the Home/Up button, so long
    // as you specify a parent activity in AndroidManifest.xml.
```

```
        int id=item.getItemId();
        if(id==R.id.action_settings) {
            return true;
        }
        return super.onOptionsItemSelected(item);
    }
}
```

第一段代码是对类库的引用，一般在编写代码时会自动引用，如果发现并没有自动引用，导致报错，需找到错误具体所在行，单击错误下面的自动修改项，一般都会自动添加必要的类库。

第二段代码中的 public class MainActivity extends Activity 是 MainActivity 这个类的声明，并且在声明时扩展成了 Activity。之后所有的功能实现，必须全部写在大括号内。

第二段的 onCreate() 方法是实现一些抽象方法、父类的继承和布局文件的加载，通过 setContentView() 函数来加载对应的界面文件，可以看到加载的界面文件就是初始界面文件（形象地说，就是 xxx.java 加载了对应的 xxx.xml）。有了这段代码，Activity 就相当于初始化成功了，之后的功能实现就可以写在这段代码中。

onCreateOptionsMenu() 方法和 onOptionsItemSelected() 方法是在 Activity 中需要添加 menu 菜单时才会用到，此处不涉及此功能，因此可将这两个自动生成的方法删除。

需要实现的功能是单击按钮时，按钮上的字从"未监听"变成"已监听"。先声明一个新的按钮，默认是 public 公有的，如果不想被其他类引用到，可以在前面添加 private 私有修饰，所有的声明都写在 public class MainActivity extends Activity 下面。

先定义一个 Button 按钮，然后将这个按钮和之前界面文件中的按钮绑定起来，这样就做到了界面上的按钮和它的逻辑功能的一个绑定。绑定时的格式为：等号左侧是代码中声明的控件名，右侧先在括号里声明控件的属性，然后使用 findViewById() 方法找到 R 文件中曾设置过的控件 id 名称。由于之前在设计界面的时候，曾设置过按钮的 id，所以可以在 R 文件中找到按钮。

同时为按钮添加监听事件，更改按钮上的字样，修改 onCreate() 方法，具体代码如下：

```
package com.example.listenerdemo;
import android.app.Activity;
import android.os.Bundle;
import android.view.View;
import android.view.View.OnClickListener;
import android.widget.Button;

public class MainActivity extends Activity {
    Button btn;
    @Override
    protected void onCreate(Bundle savedInstanceState) {
        super.onCreate(savedInstanceState);
        setContentView(R.layout.activity_main);
        //绑定界面控件
        btn=(Button)findViewById(R.id.btn);
        //监听器部分
        btn.setOnClickListener(new OnClickListener() {
```

```
    @Override
    public void onClick(View arg0) {
      btn.setText(" 已监听 ");// 更改按钮字样
    }
  });
}
```

运行程序，单击按钮，可以观察到按钮上的字由"未监听"变成了"已监听"，效果如图 2-19 所示。

图2-19　程序运行界面

监听器还有另一种写法，将点击事件和绑定分离，这种方式比较适用于界面有多个点击事件，风格相较于上一个更为简洁清晰。代码如下：

```
btn.setOnClickListener(this);
@Override
public void onClick(View arg0) {
  btn.setText(" 已监听 ");// 更改按钮字样
}
```

6. Toast

Toast 是 Android 中一种简易的消息提示框，其显示的时间有限，过一定的时间就会自动消失。Toast 主要用于向用户显示提示消息。它具有如下两个特点：

① Toast 提示信息不会获得焦点。

② Toast 提示信息过一段时间会自动消失。

Toast 使用起来也很简单，调用 Toast 的构造器或 makeText() 静态方法创建一个 Toast 对象，用 show() 方法将它显示出来。Toast 基本上只用来显示简单的文本提示，如果需要显示图片，列表等一般使用 Dialog。

新建 ToastDemo 工程，其他设置默认不变，需要写一个自定义的 xml 文件来设定 Toast 的背景色、圆角等样式。另外，还需要做一个 Toast 的布局文件，作为自定义 Toast 的布局。

（1）界面设计

打开布局文件，添加一个按钮，为按钮添加 id，添加方法与上一节监听器中添加按钮方法一样，具体代码如下：

```
<RelativeLayout xmlns:android="http://schemas.android.com/apk/res/android"
    xmlns:tools="http://schemas.android.com/tools"
    android:layout_width="match_parent"
    android:layout_height="match_parent"
    android:paddingBottom="@dimen/activity_vertical_margin"
    android:paddingLeft="@dimen/activity_horizontal_margin"
    android:paddingRight="@dimen/activity_horizontal_margin"
    android:paddingTop="@dimen/activity_vertical_margin"
    tools:context="com.example.toastdemo.MainActivity" >

    <Button
        android:id="@+id/btn_1"
        android:layout_width="wrap_content"
        android:layout_height="wrap_content"
        android:text="Toast"/>
</RelativeLayout>
```

界面效果如图 2-20 所示。

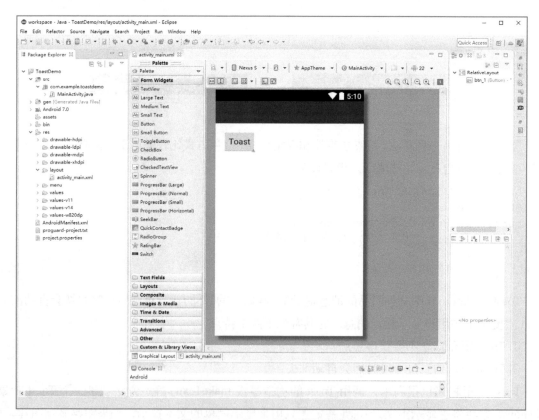

图2-20　Toast Demo工程界面效果

(2) 编写代码

打开活动文件，声明按钮并实例化，为按钮添加监听事件。具体代码如下：

```java
package com.example.toastdemo;
import android.app.Activity;
import android.os.Bundle;
import android.view.View;
import android.view.View.OnClickListener;
import android.widget.Button;

public class MainActivity extends Activity {
    Button btn_1;
    @Override
    protected void onCreate(Bundle savedInstanceState) {
        super.onCreate(savedInstanceState);
        setContentView(R.layout.activity_main);
        // 绑定界面控件
        btn_1=(Button)findViewById(R.id.btn_1);
        // 监听器部分
        btn_1.setOnClickListener(new OnClickListener() {
            @Override
            public void onClick(View arg0) {
            }
        });
    }
}
```

将下面的代码添加至监听事件中。

```java
Toast.makeText(MainActivity.this, "Toast 提示成功",Toast.LENGTH_SHORT).show();
```

Toast.maketext() 方法中第一个参数表示当前调用此方法的类，第二个参数是需要显示的字符串，可以在里面加上任何想要显示的提示内容，第三个参数是提示显示时间的长短，有 LENGTH_SHORT 和 LENGTH_LONG 两个属性。

运行程序，单击 Toast 按钮，可以观察到界面弹出提示内容，效果如图 2-21 所示。

7. Intent

Intent 的中文意思是"意图，意向"，在 Android 中提供了 Intent 机制来协助应用间的交互与通信，Intent 负责对应用中一次操作的动作、动作涉及数据、附加数据进行描述，Android 则根据此 Intent 的描述，负责找到对应的组件，将 Intent 传递给调用的组件，并完成组件的调用。Intent 不仅可用于应用程序之间，也可用于应用程序内部的 Activity/Service 之间的交互。因此，可以将 Intent 理解为不同组件之间通信的"媒介"，专门提供组件互相调用的相关信息。

Intent 可以启动一个 Activity，也可以启动一个 Service，还

图2-21 界面中弹出的提示内容

可以发起一个广播 Broadcasts。具体方法如表 2-2 所示。

表2-2　Intent的组件和方法

组件名称	方法名称
Activity	startActvity( )
Service	startService( )
	bindService( )
Broadcasts	sendBroadcasts( )
	sendOrderedBroadcasts( )
	sendStickyBroadcasts( )

新建一个 IntentDemo 工程，其他设置默认不变，完成界面跳转实验需要完成界面设计和活动代码编写。先来完成界面布局部分。

（1）界面设计

① 在布局文件 activity_main 中添加"点击跳转"按钮。将布局文件中的 <TextView…/> 部分替换成下面的代码：

```
<Button
  android:id="@+id/IntentBtn"
  android:layout_width="wrap_content"
  android:layout_height="wrap_content"
  android:text="点击跳转" />
```

界面效果如图 2-22 所示。

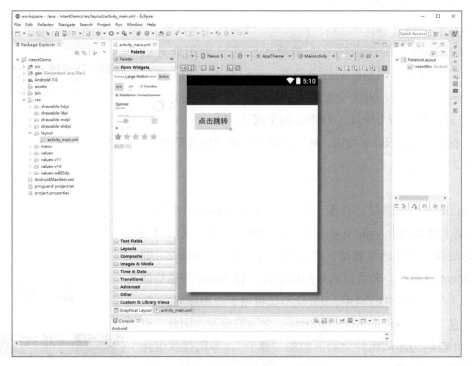

图2-22　添加按钮后的界面效果

② 创建跳转后的界面，如图 2-23 所示。选中项目并右击，在弹出的快捷菜单中选择 New → Other 命令。

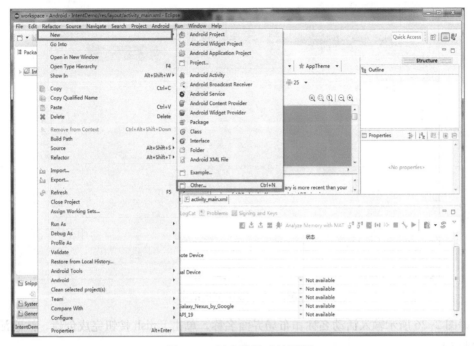

图2-23　创建跳转后的界面

③ 在弹出的如图 2-24 所示的 New 窗口中选择 Android Activity，单击 Next 按钮进入下一步。

图2-24　选择Android Activity

④ 选择 Blank Activity 创建一个空白活动（见图 2-25），单击 Next 按钮进入下一步。

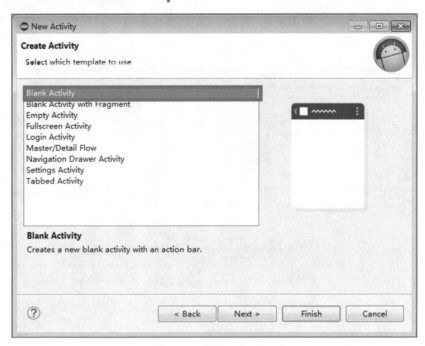

图2-25 创建空白活动

⑤ 如图 2-26 所示输入活动名称和布局界面名称，单击 Finish 按钮完成创建，注意活动名称的首字母须大写。

⑥ 设计第二个界面，也就是跳转后显示出来的界面，在 <TextView…/> 中设置 android:text="恭喜你，成功跳转到主界面！"，如图 2-27 所示。

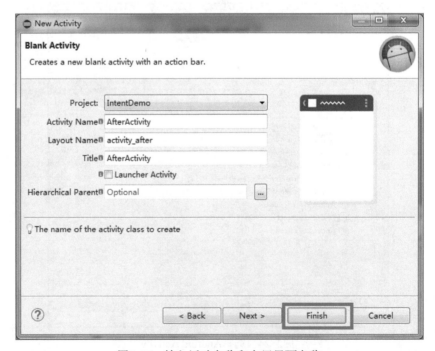

图2-26 输入活动名称和布局界面名称

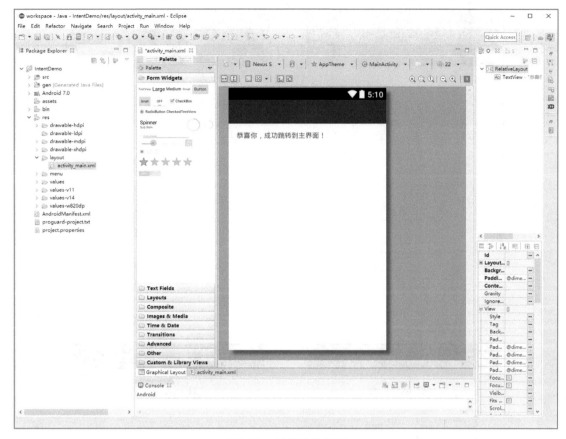

图2-27 设置跳转界面

（2）编写代码

前面设计了两个界面，现在需要编写代码实现跳转功能。打开 MainActivity 文件，即一开始在新建工程时自己命名的源文件。与之前的步骤一样，声明并实例化按钮，这里不再赘述，将下面的代码加入监听事件。

```
Intent intent=new Intent(MainActivity.this,AfterActivity.class);
startActivity(intent);
finish();
```

运行程序，点击"点击跳转"按钮，可以看到，界面从图 2-28 中的跳转界面跳转至成功界面。

有时需要的信息在第一个界面中，那如何在跳转至第二个界面的同时，可以获取第一个界面中的信息呢？Intent 提供了一种可以在界面间传值的机制。

修改 activity_main 的布局代码，添加一个 EditText，并为这个 EditText 加上 id，主要代码如下：

```
<EditText
  android:id="@+id/et"
  android:layout_width="100dp"
  android:layout_height="wrap_content"/>
```

（a）跳转界面　　　　　　　　　　（b）成功界面

图2-28　界面跳转

修改 MainActivity 中的监听器事件，声明、实例化 EditText，主要代码如下：

```
IntentBtn.setOnClickListener(new OnClickListener(){
  @Override
  public void onClick(View v){
    Intent intent=new Intent(PreIntent.this,MainScreen.class);
    startActivity(intent);
    intent.putExtra("et",et.getText().toString());
    finish();
  }
});
```

intent.putExtra("et",et.getText().toString()) 中，先由 et.getText() 方法获取用户输入的内容，再通过 putExtra() 方法存储至 intent 对象中，当界面跳转时，et 的值就不会因为界面的销毁而被丢弃。

et 值从 activity_main 界面中传至 activity_after 界面中时，activity_after 界面需要一个接收器，从 intent 对象中取出 et 值，修改 AfterActivity 代码，将下面的代码插入：

```
textview1.setText(getIntent().getStringExtra("et"));
```

运行程序，点击"点击跳转"按钮，可以看到在第一个界面中填写的内容，显示在第二个界面上，效果如图 2-29 所示。

(a)界面一　　　　　　　　　　　(b)界面二

图2-29　获取界面一上的信息

8. 数据存储

（1）键值对存储

要想使用 SharedPreferences 存储数据，首先需要获取 SharedPreferences 对象。Android 中主要提供了 3 种方法用于获取 SharedPreferences 对象。

① Context 类中的 getSharedPreferences() 方法：此方法接收两个参数，第一个参数用于指定 SharedPreferences 文件的名称，如果指定的文件不存在则会创建一个，SharedPreferences 文件都存放在 /data/data/<packagename>/shared_prefs/ 目录下；第二个参数用于指定操作模式，主要有 MODE_PRIVATE 和 MODE_MULTI_PROCESS 两种模式。MODE_PRIVATE 是默认的操作模式，和直接传入 0 效果是相同的，表示只有当前应用程序才可以对这个 SharedPreferences 文件进行读/写。MODE_MULTI_PROCESS 一般用于多个进程中对同一个 SharedPreferences 文件进行读/写的情况。

② Activity 类中的 getPreferences() 方法：此方法和 Context 中的 getSharedPreferences() 方法相似，不过它只接收一个操作模式参数，因为使用这个方法时会自动将当前活动的类名作为 SharedPreferences 的文件名。

③ PreferenceManager 类中的 getDefaultSharedPreferences() 方法：这是一个静态方法，它接收一个 Context 参数，并自动使用当前应用程序的包名作为前缀来命名 SharedPreferences 文件。

得到了 SharedPreferences 对象之后，就可以开始向 SharedPreferences 文件中存储数据了，主要可以分为三步实现：

① 调用 SharedPreferences 对象的 edit() 方法获取一个 SharedPreferences.Editor 对象。

② 向 SharedPreferences.Editor 对象中添加数据，例如，添加一个布尔型数据使用 putBoolean() 方法，添加一个字符串则使用 putString() 方法，依此类推。

③ 调用 commit() 方法将添加的数据提交，从而完成数据存储操作。

(2) SQLite 数据库

SQLite 是一款轻量级的关系型数据库，它的运算速度非常快，占用资源很少，因而特别适合在移动设备上使用。SQLite 不仅支持标准的 SQL 语法，还遵循了数据库的 ACID 事务。SharedPreferences 存储只适用于保存一些简单的数据和键值对，当需要存储大量复杂的关系型数据时，需要用到数据库存储数据。

Android 为了能够更加方便地管理数据库，专门提供了一个 SQLiteOpenHelper 帮助类，借助这个类就可以非常简单地对数据库进行创建和升级。

SQLite 数据库也提供对数据库的查询、删除、插入、更新等操作，通过调用 rawQuery (String string) 方法，执行 String 类参数中包含的数据库语句。

与 SQLite 一起使用的还有 ADB 命令，ADB (Android Debug Bridge) 是 Android SDK 的 Tools 文件夹下包含着 Android 模拟器操作的重要命令，借助这个命令，可以管理设备或手机模拟器的状态，还可以进行以下操作：

① 快速更新设备或手机模拟器中的代码，如应用或 Android 系统升级。

② 在设备上运行 Shell 命令。

③ 管理设备或手机模拟器上的预定端口。

④ 在设备或手机模拟器上复制或粘贴文件。

ADB 的工作方式比较特殊，采用监听 Socket TCP 5554 等端口的方式让 IDE 和 Qemu 通信，默认情况下 ADB 会使用 daemon 相关的网络端口，所以当运行 eclipse 时 ADB 进程就会自动运行。在 eclipse 中通过 DDMS 来调试 Android 程序；也可以通过手动方式调用，以下为一些常用的操作供参考：

① 打开"运行"对话框，输入 cmd，单击"确定"按钮，如图 2-30 所示。

② 在弹出的窗口中，进入 Android SDK 工作目录，本书的 Android SDK 目录在 E:\SDK 文件夹下，输入 adb shell 命令，就可以进入设备或模拟器的 Shell 环境中，在这个 Linux Shell 中，可以执行各种 Linux 命令，如图 2-31 所示。

图 2-30 "运行"对话框

③ 在 Shell 环境中可以通过 ls 命令查看当前目录下的文件，如图 2-32 所示。

adb 远程 Shell 端，可以通过 Android 的 SQLite 3 命令程序来管理数据库。SQLite 3 工具包含了许多使用命令，例如，.dump 显示表的内容，.schema 可以显示出已经存在的表空间的 SQL CREATE 结果集。SQLite 3 还允许远程执行 SQL 命令。

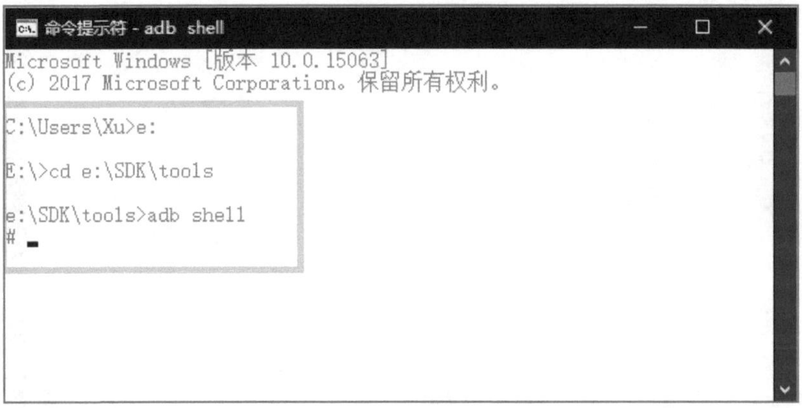

图2-31 进入Android SDK目录

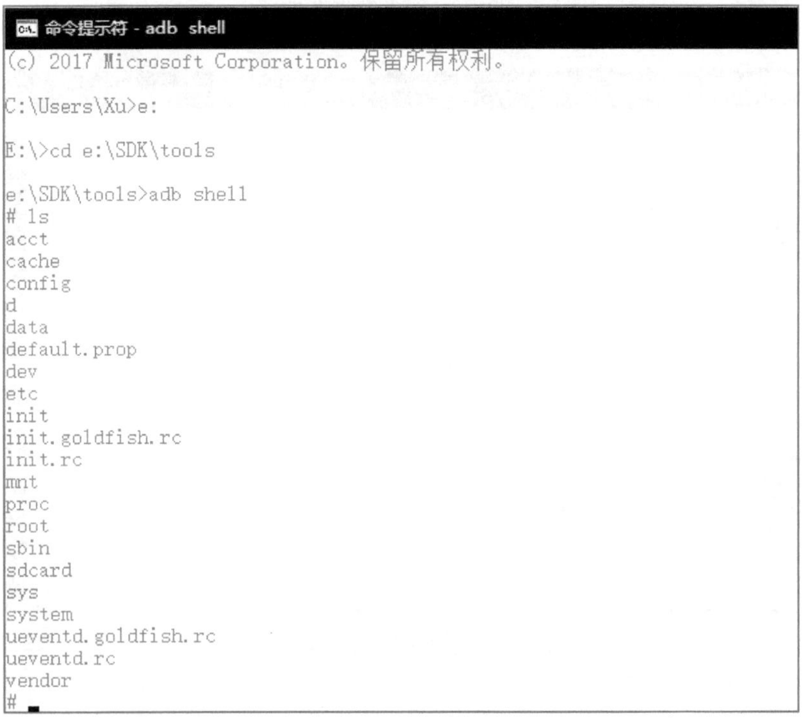

图2-32 查看文件

通过 SQLite 3，登录模拟器的远程 Shell 端，然后启动工具就可以使用 SQLite 3 命令。当 SQLite 3 启动以后，还可以指定想查看的数据库的完整路径。模拟器 / 设备实例会在文件夹中保存 SQLite3 数据库 /data/data/<package_name> /databases /。

④ 可以通过 cd data/data/com.example.smarthome/databases 命令进入 smarthome 项目的数据库中查看数据库文件，如图 2-33 所示。

⑤ 通过命令 sqlite3 smarthome.db 进入数据库中，在数据库中可以利用 .tables 查看数据库中的表，也可以通过 SQL 语句查询数据库记录，如图 2-34 所示。

图2-33　查看数据文件

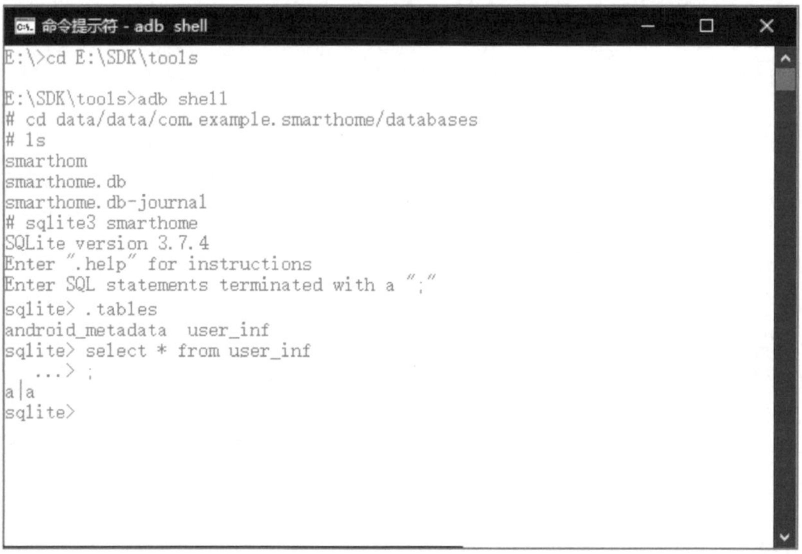

图2-34　查看数据库中的表和记录

项目实施

1. 创建工程

创建一个名为 smarthome 的 Android 工程。

2. 界面设计

（1）开始 Android 的开发

首先需要完成 APP 的 UI 设计，新建工程以后在 res/layout 文件夹中找到 activity__login.xml 布局文件，打开该文件可以看到如下初始代码如下：

```
<RelativeLayout xmlns:android="http://schemas.android.com/apk/res/android"
    xmlns:tools="http://schemas.android.com/tools"
    android:layout_width="match_parent"
```

```xml
    android:layout_height="match_parent"
    android:paddingBottom="@dimen/activity_vertical_margin"
    android:paddingLeft="@dimen/activity_horizontal_margin"
    android:paddingRight="@dimen/activity_horizontal_margin"
    android:paddingTop="@dimen/activity_vertical_margin"
    tools:context="com.example.login.LoginActivity" >

    <TextView
        android:layout_width="wrap_content"
        android:layout_height="wrap_content"
        android:text="@string/hello_world" />
</RelativeLayout>
```

窗口的最下方有两个切换标签，如图 2-35 所示。Graphical Layout 是当前的可视化布局编辑器，在这里不仅可以预览当前布局，还可以通过拖动的方式编辑布局，activity_reg.xml 则是通过 XML 文件的方式来编辑布局，本书面向的是 Android 初学者，所以在编写布局界面时使用 xml 方式编辑布局，以帮助读者更好地理解控件。

项目中虽然没有 activity 但仍可以运行程序，运行效果如图 2-36 所示，可以看到通过 TextView 显示的"Hello world！"。

图2-35　Palette面板

图2-36　程序运行效果

可以在 AndroidManifest 文件中，为 <activity> 标签添加横屏属性：android:screenOrientation ="landscape"，如图 2-37 所示。这样应用程序打开时，默认为横屏模式。

图2-37　添加横屏属性

(2) 编辑界面

系统生成的代码都是不需要的，可将其删除，然后写入自己的代码。由于 LinearLayout 布局较为简单易懂，这里使用 LinearLayout 布局，为 LinearLayout 设置背景，需要一个 TextView 作为用户名提示，一个 EditText 作为用户名输入框。下面添加这两个控件，并为 EditText 添加 id。

```xml
<?xml version="1.0" encoding="utf-8"?>
<LinearLayout xmlns:android="http://schemas.android.com/apk/res/android"
    xmlns:tools="http://schemas.android.com/tools"
    android:layout_width="match_parent"
    android:layout_height="match_parent"
    android:background="@drawable/background">
    <TextView
        android:layout_width="wrap_content"
        android:layout_height="wrap_content"
        android:textSize="30dp"
        android:textColor="#ffffff"
        android:text="用户名："/>
    <EditText
        android:id="@+id/et_user"
        android:hint="请输入用户名"
        android:textColor="#ffffff"
        android:layout_width=" wrap_content "
        android:layout_height="wrap_content"
    />
</LinearLayout>
```

也可以利用 android:textColor 和 android:textSize 属性设置字体大小和颜色，完成后的界面效果如图 2-38 所示。

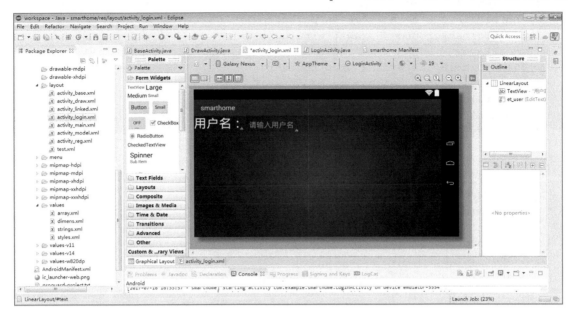

图2-38 添加用户名、编辑框

像之前添加用户名部分的 TextView、EditText 一样，再添加密码、IP 地址和端口部分的控件，如图 2-39 所示。

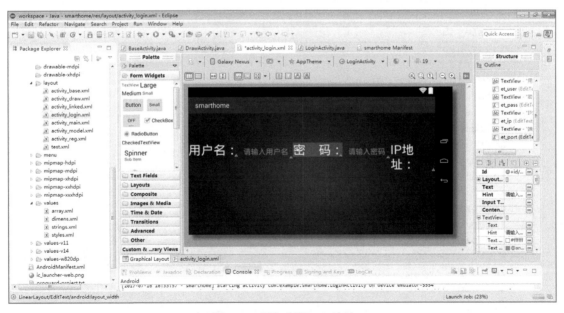

图2-39 添加密码、IP地址

可以看到所有的控件都在一行显示，界面并不美观，那要如何将界面设计得像日常使用的 APP 登录界面一样简洁呢？可以利用 LinearLayout 控件嵌套的原理，美化一下布局，代码如下：

```
<?xml version="1.0" encoding="utf-8"?>
<LinearLayout xmlns:android="http://schemas.android.com/apk/res/android"
  xmlns:tools="http://schemas.android.com/tools"
  android:layout_width="match_parent"
```

```xml
    android:layout_height="match_parent"
    android:background="@drawable/background">
<LinearLayout
    android:layout_width="wrap_content"
    android:layout_height="wrap_content"
    android:orientation="vertical"
    android:layout_gravity="center_vertical">
<LinearLayout
    android:layout_width="wrap_content"
    android:layout_height="wrap_content"
    android:orientation="horizontal">
  <TextView
    android:layout_width="wrap_content"
    android:layout_height="wrap_content"
    android:textSize="30dp"
    android:textColor="#ffffff"
    android:text=" 用户名："/>

  <EditText
    android:id="@+id/et_user"
    android:hint=" 请输入用户名 "
    android:textColor="#ffffff"
    android:layout_width=" wrap_content "
    android:layout_height="wrap_content"
    />
</LinearLayout>
  <LinearLayout
      android:layout_width="match_parent"
      android:layout_height="wrap_content"
      android:orientation="horizontal" >
  <TextView
    android:layout_width="wrap_content"
    android:layout_height="wrap_content"
    android:textSize="30dp"
    android:textColor="#ffffff"
    android:text=" 密码："/>
  <EditText
    android:id="@+id/et_pass"
    android:hint=" 请输入密码 "
    android:textColor="#ffffff"
    android:layout_width=" wrap_content "
    android:layout_height="wrap_content"
    />
</LinearLayout>
  <LinearLayout
      android:layout_width="match_parent"
      android:layout_height="wrap_content"
      android:orientation="horizontal" >
  <TextView
    android:layout_width="wrap_content"
    android:layout_height="wrap_content"
    android:textSize="30dp"
```

```xml
            android:textColor="#ffffff"
            android:text="IP 地址："/>
        <EditText
            android:id="@+id/et_ip"
            android:hint=" 请输入 IP 地址 "
            android:textColor="#ffffff"
            android:layout_width=" wrap_content "
            android:layout_height="wrap_content"
            />
    </LinearLayout>
    <LinearLayout
        android:layout_width="match_parent"
        android:layout_height="wrap_content"
        android:orientation="horizontal" >
        <TextView
            android:layout_width="wrap_content"
            android:layout_height="wrap_content"
            android:textSize="30dp"
            android:textColor="#ffffff"
            android:text=" 端    口："/>
        <EditText
            android:id="@+id/et_port"
            android:hint=" 请输入服务器端口 "
            android:textColor="#ffffff"
            android:layout_width=" wrap_content "
            android:layout_height="wrap_content"
            />
    </LinearLayout>
</LinearLayout>
</LinearLayout>
```

界面如图 2-40 所示。

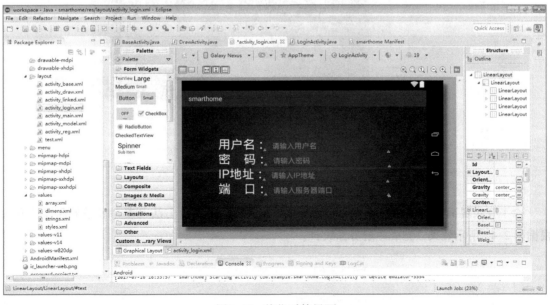

图2-40　美化后的界面

一般的登录界面都有两个按钮：一个"登录"按钮，一个"注册"按钮，所以这里也加上按钮，并为按钮添加背景。在布局文件中将下面的代码插入至 LinearLayout 父布局中。

```xml
<LinearLayout
    android:layout_width="match_parent"
    android:layout_height="wrap_content"
    android:gravity="center"
    android:orientation="horizontal">
    <Button
        android:id="@+id/bt_login"
        android:layout_width="wrap_content"
        android:layout_height="wrap_content"
        android:background="@drawable/btn"
        android:text=" 登录 "/>
    <Button
        android:id="@+id/bt_reg"
        android:layout_marginLeft="20dp"
        android:layout_width="wrap_content"
        android:layout_height="wrap_content"
        android:background="@drawable/btn"
        android:text=" 注册 "/>
</LinearLayout>
```

界面效果如图 2-41 所示。

图2-41 完整的登录界面

除了登录界面，还需要新建一个注册界面，布局界面的设计方法可参考登录界面设计方法，根据图 2-42 所示效果，完成注册界面设计。

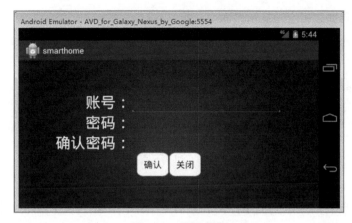

图2-42 登录界面

3. 编写代码

活动创建完成后，需要在 AndroidManifest.xml 文件中进行注册才可以使用，一般在新建活动时，如果直接新建 activity，就会自动在配置文件 AndroidManifest.xml 中注册，如果单独新建 .java 文件和 layout，就需要去配置文件中注册。

注册代码如下：

```xml
<?xml version="1.0" encoding="utf-8"?>
<manifestxmlns:android="http://schemas.android.com/apk/res/android"
  package="com.example.smarthome"
  android:versionCode="1"
  android:versionName="1.0" >

<uses-sdk
  android:minSdkVersion="14"
  android:targetSdkVersion="14" />

<application
  android:allowBackup="true"
  android:label="@string/app_name"
  android:theme="@style/AppTheme" >

  // 注册活动
  <activity
    android:name=".LoginActivity"
    android:label="@string/app_name" >
    <intent-filter>
      <action android:name="android.intent.action.MAIN" />
      <category android:name="android.intent.category.LAUNCHER" />
    </intent-filter>
  </activity>
</application>
</manifest>
```

完成界面设计后，开始编写代码，打开 src 文件夹中的 LoginActivity，可以看到系统自动生成了一部分程序，其中 setContentView(R.layout.activity_login) 代码将活动与布局界面关联起来，当活动被启动时，会加载相应的显示界面。

```java
package com.example.login;
import android.app.Activity;
import android.os.Bundle;
public class LoginActivity extends Activity {
    @Override
    protected void onCreate(Bundle savedInstanceState) {
        super.onCreate(savedInstanceState);
        setContentView(R.layout.activity_login);
    }
}
```

剩下的代码需要自己完成，登录界面一共有 6 个控件，除去用于显示文字的 TextView，还有两个 Button，两个 EditText。在文件中对这 4 个控件进行定义和初始化，同时为按钮添加点击事件。代码如下：

```java
package com.example.login;
import android.app.Activity;
import android.content.Intent;
import android.os.Bundle;
import android.view.View;
import android.view.View.OnClickListener;
import android.widget.Button;
import android.widget.EditText;

public class LoginActivity extends Activity{
    //控件定义
    private EditText et_ip, et_user, et_pass, et_port;
    private Button bt_login, bt_reg;
    private String ip, user, pass, port;
    @Override
    protected void onCreate(Bundle savedInstanceState){
        super.onCreate(savedInstanceState);
        setContentView(R.layout.activity_login);
        //初始化
        et_ip=(EditText)findViewById(R.id.et_ip);
        et_user=(EditText)findViewById(R.id.et_user);
        et_pass=(EditText)findViewById(R.id.et_pass);
        et_port=(EditText)findViewById(R.id.et_port);
        bt_login=(Button)findViewById(R.id.bt_login);
        bt_reg=(Button)findViewById(R.id.bt_reg);
        //为 bt_reg 按钮添加点击事件
        bt_reg.setOnClickListener(new OnClickListener(){
            @Override
            public void onClick(View arg0) {
                Intent intent=new Intent(LoginActivity.this,RegActivity.class);
                startActivity(intent);     // 跳转界面代码
            }
        });
    }}
```

运行程序，单击"注册"按钮，则会跳转到注册界面。

对 Android 数据库的操作，需要用到 SQLite 数据库，Android 数据库提供了一个 SQLiteOpenHelper 类，可以方便地管理数据库。

SQLiteOpenHelper 是一个抽象类，SQLiteOpenHelper 中有两个抽象方法：onCreate() 和 onUpgrade()，需要创建一个子类继承它，在子类中重写这两个方法，然后实现创建、升级数据库。

先简单回忆一下 SQL 创建数据表语句，创建一张 user_inf 表，表中有 username、passward 两列。user_inf 表的创建语句如下：

```
create table user_inf (
username char primary key,
passward char)
```

SQLiteDatabase 类的 execSQL() 方法会执行 create_user 中的语句，创建 user_inf 表。

新建 MyDataBaseHelper 类，继承 SQLiteOpenHelper，代码如下：

```java
public class MyDataBaseHelper extends SQLiteOpenHelper {
    public static  final String create_user="create table user_inf(username char"+"primary key,"+"passward char)";

    private Context mContext;
    public MyDataBaseHelper(Context context, String name, SQLiteDatabase.CursorFactory factory, int version) {
        super(context, name, factory, version);
        mContext=context;
    }
    @Override
    public void onCreate(SQLiteDatabase db) {
        db.execSQL(create_user);
    }
    @Override
    public void onUpgrade(SQLiteDatabase db, int oldVersion, int newVersion) {
    }
}
```

在 LoginActivity 中定义一个 dbHelper，并创建数据库和数据表，代码如下：

```java
dbHelper=new MyDataBaseHelper(this, "smarthome.db", null, 2);
db=dbHelper.getReadableDatabase();
```

下面为"登录"按钮添加点击事件，在事件中完成用户名和密码的查找和匹配，匹配成功则跳转到登录成功界面，用户名不存在或密码错误时，利用 Toast 弹出相应提示。代码如下：

```java
bt_login.setOnClickListener(new View.OnClickListener() {
    @Override
    public void onClick(View v) {
        ip=et_ip.getText().toString().trim();
        user=et_user.getText().toString().trim();
        pass=et_pass.getText().toString().trim();
        port=et_port.getText().toString().trim();
        cursor=db.rawQuery("select * from user_inf where username=? and passward=?", new String[]{user,pass});
        if (!cursor.moveToNext()) {
            Toast.makeText(LoginActivity.this,"用户或密码错误,请重新输入", Toast.LENGTH_SHORT).show();
```

```
        }else
        if (!ip.equals("")&&!user.equals("")&&!pass.equals( "")&&!port.equals("")){
          Intent intent=new Intent(LoginActivity.this,MainActivity.class);
          startActivity(intent);
          finish();
        }else {
          Toast.makeText(LoginActivity.this,"用户名、密码、IP地址和端口不能为空",Toast.
LENGTH_SHORT).show();
        }
      }
    });
```

同样，需要在 RegActivity.java 文件中对其界面控件定义和初始化，具体代码可在本书配套教学资源中找到。在 onCreate() 方法中构建一个 MyDataBaseHelper 类对象，并新建 smarthome.db 数据库，这条语句在执行时会检测程序中是否有 smarthome.db 数据库。若没有，则会创建该数据库并调用 MyDataBaseHelper 中的 onCreate() 方法创建数据表；若已经存在 smarthome.db 数据库，则不会执行任何命令。修改 RegActivity 代码如下：

```
public class RegActivity extends Activity {
  ...
  private MyDataBaseHelper dbHelper;
  SQLiteDatabase db;

  @Override
  protected void onCreate(Bundle savedInstanceState) {
    ...
    dbHelper=new MyDataBaseHelper(this, "smarthome.db", null, 2);
    db=dbHelper.getWritableDatabase();
    ...
  }
}
```

数据表创建完成后，需要将数据插入到表中，SQLiteDatabase 中提供了一个 insert() 方法用于添加数据，它接收 3 个参数，第一个参数是表名，希望向哪张表中添加数据，就传入该表的名字。第二个参数用于在未指定添加数据的情况下给某些允许空值的列自动赋值 NULL，一般直接传入 NULL 即可。第三个参数是一个 ContentValues 对象，它提供了一系列的 put() 方法重载，用于向 ContentValues 中添加数据，只需要将表中的每个列名以及相应的待添加数据传入即可。

对于输入的值，需要验证其准确性，保证数据的完整性，例如用户名不能为空，当输入错误的值时，可以使用 Toast() 方法提示用户，使用方法参见下文中代码。

为"确定"按钮添加点击事件，修改 RegActivity 中的代码如下：

```
public class RegActivity extends Activity {
  ...
  ContentValues values;
  Cursor cursor;
  @Override
  protected void onCreate(Bundle savedInstanceState) {
    super.onCreate(savedInstanceState);
    setContentView(R.layout.activity_reg);
    ...
```

```java
bt_con.setOnClickListener(new OnClickListener(){
    @Override
    public void onClick(View v) {
        // 获取用户输入值
        user=et_InUser.getText().toString();
        passwd=et_InPass.getText().toString();
        repasswd=et_RePass.getText().toString();
        if(user.equals("")){// 判断用户名是否为空
            Toast.makeText(RegActivity.this,"用户名不能为空",Toast.LENGTH_SHORT).show();
        }
        else if(passwd.equals(repasswd)) {// 判断两次输入的密码是否一致
            cursor=db.rawQuery("select * from user_inf where username=?",new String[]{user});
            if (cursor.moveToNext()) {// 判断用户是否存在
                Toast.makeText(RegActivity.this,"用户已存在",Toast.LENGTH_SHORT).show();
            } else {
                // 插入数据
                values=new ContentValues();
                values.put("username",user);
                values.put("passward",passwd);
                db.insert("user_inf", null, values);
                Toast.makeText(RegActivity.this,"注册成功,请登录",Toast.LENGTH_SHORT).show();
            }
        }
        else {
            Toast.makeText(RegActivity.this,"密码不一致",Toast.LENGTH_SHORT).show();
        }
    }
});
```

SQLiteDatabase 中的 rawQuery() 方法用于执行 select 语句, rawQuery() 方法的第一个参数为 select 语句; 第二个参数为 select 语句中占位符参数的值, 如果 select 语句没有使用占位符, 该参数可以设置为 null。

Cursor 是结果集游标, 用于对结果集进行随机访问, 使用 moveToNext() 方法可以将游标从当前行移动到下一行。如果已经移过了结果集的最后一行, 返回结果为 false, 否则为 true。

程序中的 cursor=db.rawQuery("select * from user_inf where username=?",new String[]{user}) 语句用于查询用户输入的用户名是否存在。

代码完成编写后, 可以通过 Android 模拟器运行程序, 也可以使用本书推荐的嵌入式移动教学套件箱运行程序。首先将嵌入式移动教学套件箱的电源插上并打开, 然后拿出其中附带的 USB 连接线, 将其与计算机连通。如果计算机曾使用过安卓设备或者安装了诸如 360、驱动人生、豌豆荚这类软件并且连上网, 系统会自动下载并安装安卓设备的驱动。

之后回到 eclipse 中, 单击右上角的 DDMS 图标能进入到 Android 设备调试工具中, 如果安卓设备成功地连上了计算机, 就可以在左侧的 Devices 中看到设备已经显示出来, 如图 2-43 所示。

单击右上角的 Java ![Debug Java DDMS] 图标回到之前的开发界面。右击需要移植的工程名，在弹出的快捷菜单中选择 Run As → Android Application 命令，如图 2-44 所示。

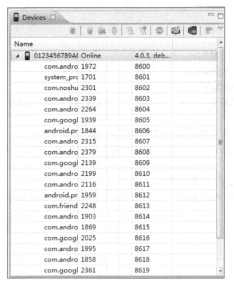

图2-43　Devices中的设备

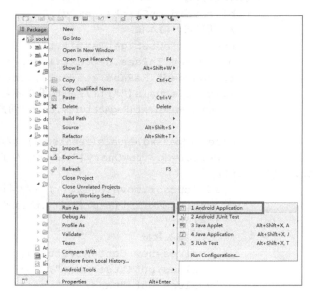

图2-44　Android Application命令

在弹出的图 2-45 所示的对话框中可以看到程序已经自动选择了外部的安卓设备，选中这个设备，单击 OK 按钮。

之后去观察嵌入式移动教学套件箱中网关的屏幕，如果代码没有错误，且能够正常运行，程序会自动被移植到网关里去，并且会自动打开。

最后，在使用时把网关通过网线连上路由器，并且需要配置路由器的段地址与代码中 SocketTread 类中 SocketIP 的段地址一致。运行程序，观察效果，首先在登录界面中单击"注册"按钮，跳转至注册界面，注册一个用户，若注册错误，则会由 Toast 提示相应的错误；若注册成功则由 Toast 提示用户注册成功，然后单击"关闭"按钮跳转至登录界面进行登录操作。登录成功后会跳转至登录成功界面。图 2-46 所示为登录和注册界面。

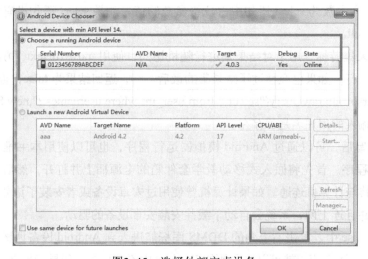

图2-45　选择外部安卓设备

> 项目二 登录／注册模块搭建

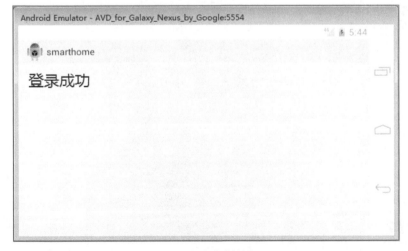

（a）登录界面

（b）注册界面

（c）登录成功界面

图2-46 登录和注册界面

实训任务

① 完成登录界面"登录"按钮监听事件，登录成功后跳转至图2-46所示的成功界面。
② 完成注册界面关闭按钮功能，单击"关闭"按钮，返回登录界面。

项目小结

本项目搭建了本书的第一个项目——登录/注册模块，在项目搭建过程中向读者介绍了Android的界面设计，并实现了一些简单的事件，一边完成项目一边学会Android的开发步骤。

项目三
单控/显示模块搭建

项目目标

- 掌握 ImageView、ToggleButton 的应用。
- 了解多线程机制原理,并可以利用多线程机制为应用程序添加子线程程序。
- 掌握 AndroidManifest 文件基本标签的使用,并可以为应用程序添加权限。
- 熟悉 JSON(JS 对象标记)格式,并熟练运用。

项目描述

在项目二基础上添加单控/显示模块。

1. 完成单控/显示模块界面设计(见图 3-1)

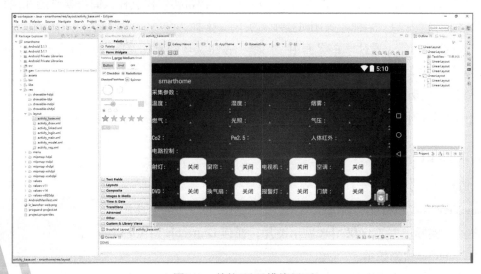

图3-1 单控/显示模块界面

2. 实现数据采集及实时显示

① 完成温度参数的采集，并将温度值实时显示。

② 完成湿度参数的采集，并将湿度值实时显示。

③ 完成燃气参数的采集，并将燃气值实时显示。

④ 完成烟雾参数的采集，并将烟雾值实时显示。

⑤ 完成光照参数的采集，并将光照值实时显示。

⑥ 完成 PM2.5 参数的采集，并将 PM2.5 值实时显示。

⑦ 完成气压参数的采集，并将气压值实时显示。

⑧ 完成 CO_2 参数的采集，并将 CO_2 值实时显示。

⑨ 完成人体感应状态的采集，并将状态实时显示（有人或无人）。

3. 控制功能实现

① 射灯控制功能：通过单击界面中"射灯"按钮实现样板间射灯的开启和关闭，按钮开启时显示"开启"字样，关闭时显示"关闭"字样。

② 窗帘控制功能：通过单击界面中"窗帘"按钮实现控制窗帘模块的开启和关闭，按钮开启时显示"开启"字样，关闭时显示"关闭"字样。

③ 电视控制功能：通过单击界面中"电视机"按钮实现样板间电视机的开启和关闭，按钮开启时显示"开启"字样，关闭时显示"关闭"字样。

④ 空调控制功能：通过单击界面中"空调"按钮实现样板间空调的开启和关闭，按钮开启时显示"开启"字样，关闭时显示"关闭"字样。

⑤ DVD 控制功能：通过单击界面中 DVD 按钮实现样板间 DVD 的开启和关闭，按钮开启时显示"开启"字样，关闭时显示"关闭"字样。

⑥ 换气扇控制功能：通过单击界面中"换气扇"按钮实现样板间换气扇的开启和关闭，按钮开启时显示"开启"字样，关闭时显示"关闭"字样。

⑦ 报警灯控制功能：通过单击界面中"报警灯"按钮实现控制样板间报警灯的开启和关闭，按钮开启时显示"开启"字样，关闭时显示"关闭"字样。

⑧ 门禁控制功能：通过单击界面中"门禁"按钮实现控制门禁的开启和关闭，按钮开启时显示"开启"字样，关闭时显示"关闭"字样。

4. 返回键实现

单击图 3-1 右下角的图标，可以返回登录界面。

相关知识

1. ImageView

ImageView（图像视图）继承自 View 类（见图 3-2），主要功能是显示图片。实际上它不仅仅用来显示图片，任何 Drawable 对象都可以使用 ImageView 来显示。

ImageView 可以适用于任何布局，并且 Android 为其提供了缩放和着色的一些操作。表 3-1 所示为 ImageView 的一些常用属性及其说明。

图3-2　选择ImageView

表3-1　ImageView的一些常用属性及其说明

属　　性	说　　明
android:adjustViewBounds	是否保持宽高比。需要与maxWidth、MaxHeight一起使用，单独使用没有效果
android:cropToPadding	是否截取指定区域用空白代替。单独设置无效果，需要与scrollY一起使用
android:maxHeight	设置View的最大高度，单独使用无效，需要与setAdjustViewBounds一起使用
android:maxWidth	设置View的最大宽度
android:scaleType	设置图片的填充方式
android:src	设置View的drawable（一般是图片，也可以是颜色，但是需要指定View的大小）
android:tint	将图片渲染成指定的颜色

2. ToggleButton

ToggleButton是Android基础UI控件组的状态开关按钮（见图3-3），是一个具有"选中"状态和"未选中"状态的双状态按钮，并且可以根据需求为不同的状态设置不同的显示文本。可供设置的属性如下：

① android:disabledAlpha：设置按钮在禁用时的透明度。

② android:textOff：按钮没有被选中时显示的文字。

③ android:textOn：按钮被选中时显示的文字。

3. JSON

JSON（JavaScript Object Notation）是一种轻量级的数据交换格式，采用完全独立于编程语言的文本格式来存储数据。层次结构简洁清晰，易于用户阅读和编写，同时也易于机器解析和生成，可以有效地提升网络传输效率，是理想的数据交换语言。

任何支持的类型都可以通过JSON来表示，例如字符串、数字、对象、数组等。JSON对象一般以键/值对方式存储数据，键/值对组合中的键名写在前面并用双引号（""）包裹，使用冒号（:）分隔，然后紧接着值，比如下面的例子，可以发现a是一个键，而apple是a的值，b是一个键，banana是b的值，c也是一个键，carrot是c的值。

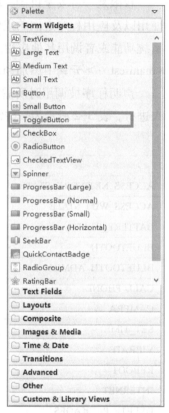

图3-3　选择ToggleButton

{"a"："apple", "b"："banana", "c"："carrot"}

一个JSON对象可以对任意一个键/值对进行取值，JSON类提供的get()函数可以用于查询指定键的值。

4. AndroidManifest文件

AndroidManifest.xml配置文件对于Android应用开发来说非常重要，下面对其中的标签进行简单介绍。

（1）<manifest>

<manifest>是AndroidManifest.xml配置文件的根元素，必须包含一个<application>元素并且指定xlmns:android和package属性。xlmns:android指定了Android的命名空间，默认情况下

是 http://schemas.android.com/apk/res/android；而 package 是标准的应用包名，也是一个应用进程的默认名称，以本书应用实例中的包名为例，即 com.example.smarthome 就是一个标准的 Java 应用包名，为了避免命名空间的冲突，一般会以应用的域名来作为包名。当然，还有一些其他常用的属性需要注意，例如 android:versionCode 是给设备程序识别版本用的，必须是一个整数值代表 APP 更新过多少次；而 android:versionName 则是给用户查看版本用的，需要具备一定的可读性。

（2）<uses-permission>

<uses-permission> 是最经常使用的权限设置标签，通过设置 android:name 属性来声明相应的权限名。

权限是一种安全机制，Android 权限主要用于限制应用程序内部某些具有限制性特性的功能使用以及应用程序之间的组件访问。一个 Android 应用可能需要一定的权限才可以调用 Android 系统功能或者调用其他应用。声明程序运行自身所需要的权限需要在 manifest.xml 文件中通过在 <manifest…/> 元素中添加 <uses-permission…/> 子元素来进行。

声明程序被调用时所需权限可以通过为应用的各组件元素添加 <uses-permission…/> 子元素来进行。表 3-2 所示为一些常用的权限及其说明。

表3-2 常用的权限及其说明

权　　限	说　　明
ACCESS_NETWORK_STATE	允许应用程序获取网络状态信息的权限
ACCESS_WIFI_STATE	允许应用程序获取Wi-Fi网络状态信息的权限
BATTERY_STATS	允许应用程序获取电池状态信息的权限
BLUETOOTH	允许应用程序连接匹配的蓝牙设备的权限
BLUETOOTH_ADMIN	允许应用程序发现匹配的蓝牙设备的权限
CALL_PHONE	允许应用程序拨打电话的权限
CAMERA	允许应用程序使用照相机的权限
SET_TIME	允许应用程序设置时间的权限
VIBRATE	允许应用程序控制振动器的权限
REBOOT	允许应用程序重启系统的权限
INTERNET	允许应用程序打开网络Socket的权限
DELETE_PACKAGES	允许应用程序删除安装包的权限
BORADCAST_SMS	允许应用程序广播收到短信提醒的权限
MODIFY_AUDIO_SETTINGS	允许应用程序修改全局声音设置的权限

（3）<application>

<application> 是应用配置的根元素，位于 <manifest> 下层，包含所有与应用有关配置的元素，其属性可以作为子元素的默认属性，常用的属性包括：应用名 android:label、应用图标 android:icon、应用主题 android:theme 等。

（4）<activity>

<activity> 是 Activity 活动组件（即界面控制器组件）的声明标签，Android 应用中的每个 Activity 都必须在 AndroidManifest.xml 配置文件中声明，否则系统将不识别也不执行该 Activity。

<activity> 标签中常用的属性有：Activity 对应的类名 android:name、对应的主题 android:theme、加载的模式 android:launchMode、键盘的交互模式 android:windowSoftInputMode 等，其他属性的用法可参考 Android SDK 文档学习。另外，<activity> 标签还可以包含用于消息过滤的 <intent-filter> 元素，当然还有可用于存储预定义数据的 <meta-data> 元素。

5. 多线程编程

线程与进程相似，是一段完成某个特定功能的代码，是程序执行顺序的流控制。但与进程不同的是，同类的多个线程共享一块内存空间和一组系统资源，所以系统在各个线程之间切换时，资源占用要比进程小得多，正因如此，线程也被称为轻量级进程。一个进程中可以包含多个线程。主线程负责管理子线程，即子线程的启动、挂起、停止等操作。

多线程指的是在单个程序中可以同时运行多个不同的线程，执行不同的任务。多线程意味着一个程序的多行语句看上去几乎在同一时间内同时运行。

Android 多线程编程一般有两种方法：

① 定义一个线程继承 Thread 类，然后重写父类的 run() 方法，如下所示：

```
class MyThread extends Thread{
  @Override
  public void run(){
  // 处理具体的逻辑
  }
}
```

在需要调用的地方调用它的 start() 方法，这样它的 run() 函数就会在子线程中运行，如下所示：

```
new MyThread().start();
```

② 通过实现 Runnable 接口的方式来定义一个线程，如下所示：

```
class MyThread implements Runnable {
  @Override
  public void run() {
  // 处理具体的逻辑
  }
}
```

这种方法的启动代码与上一种方法有所不同，是利用 Thread 的构造函数接收一个 Runnable 参数，实例化出一个实现了 Runnable 接口的对象，直接将它传入到 Thread 的构造函数中，然后用 Thread 的 start() 方法启动线程，如下所示：

```
MyThread myThread=new MyThread();
new Thread(myThread).start();
```

也可以使用匿名类的方式来实现 Runnable 接口，如下所示：

```
new Thread(new Runnable(){
  @Override
  public void run(){
  // 处理具体的逻辑
  }
}).start();
```

通常匿名方式更为常见。需要注意的是 Android 是不能在子线程中更新 UI 的，更新 UI 的操作只能在主线程中完成，否则会出现异常。但是有些时候，必须在子线程中去执行一些任务，然后根据任务的执行结果来更新相应的 UI 控件。对于这种情况，Android 系统自带了一套异步消息处理机制，可以很好地解决在子线程中不能更新 UI 的问题。

Android 中的异步消息处理主要由四部分组成：Message、Handler、MessageQueue 和 Looper。

（1）Message

Message 是在线程之间传递的消息，它可以在内部携带少量的信息，用于在不同线程之间交换数据。

（2）Handler

Handler 主要用于发送和处理消息。发送消息一般是使用 Handler 的 sendMessage() 方法，发出的消息最终会传递到 Handler 的 handleMessage() 方法中。

（3）MessageQueue

MessageQueue 主要用于存放所有通过 Handler 发送的消息，等待被处理。每个线程中只有一个 MessageQueue 对象。

（4）Looper

Looper 是每个线程中的 MessageQueue 的管家，调用 Looper 的 loop() 方法后，会进入到一个无限循环中，每当发现 MessageQueue 中存在一条消息，就会将它取出，并传递到 Handler 的 handleMessage() 方法中。

常用的是 Message 和 Handler，具体代码如下：

```
// 这是第一段代码
private Handler handler=new Handler(){
    public void handleMessage(Message msg){
        switch(msg.what) {
          case 1:
            // 在这里可以进行UI操作
            break;
          default:
            break;
        }
    }
};

// 这是第二段代码
new Thread(new Runnable() {
    @Override
    public void run() {
        Message message=new Message();
        message.what=1;
        handler.sendMessage(message);  // 将Message对象发送出去
    }
}).start();
```

以上两段代码都是成对出现的，第一段代码中的 Handler 对象重写父类的 handleMessage()

方法，接收 Message 消息根据接收到的值进行具体的处理。第二段代码中并没有直接在子线程中进行 UI 操作，而是创建了一个 Message(android.os.Message) 对象，并将它的 what 字段的值指定为 1，也可以根据实际情况指定为其他值。然后，调用 Handler 的 sendMessage() 方法将 Message 发送出去。第一段代码中的 Handler 就会收到这条 Message，并在 handleMessage() 方法中对它进行处理。而此时 handleMessage() 方法是在主线程当中运行的，就可以放心地对 UI 进行更新操作。

新建一个 ThreadDemo 工程，其他设置默认不变，打开布局文件，添加一个 TextView，设计布局代码如下：

```xml
<RelativeLayout xmlns:android="http://schemas.android.com/apk/res/android"
  xmlns:tools="http://schemas.android.com/tools"
  android:layout_width="match_parent"
  android:layout_height="match_parent"
  android:paddingBottom="@dimen/activity_vertical_margin"
  android:paddingLeft="@dimen/activity_horizontal_margin"
  android:paddingRight="@dimen/activity_horizontal_margin"
  android:paddingTop="@dimen/activity_vertical_margin"
  tools:context="com.example.threaddemo.MainActivity" >

<TextView
   android:id="@+id/tv"
   android:layout_width="wrap_content"
   android:layout_height="wrap_content"/>
</RelativeLayout>
```

在活动文件中对 TextView 进行声明和初始化，同时定义一个 Handler，在 Handler 中设置 TextView 显示的内容为"这是一条来自 Handler 的消息"，设置字体大小为 20。在 onCreate() 方法中，定义一个 Thread 类，5s 后发送一个 message 给 Handler，具体代码如下：

```java
package com.example.threaddemo;
import android.app.Activity;
import android.os.Bundle;
import android.os.Handler;
import android.os.Message;
import android.widget.TextView;

public class MainActivity extends Activity {
  private TextView tv;
  private Handler handler=new Handler() {
    public void handleMessage(Message msg) {
      switch (msg.what) {
      case 1:
        tv.setText("这是一条来自 Handler 的消息");
        tv.setTextSize(20);
        break;
      default:
        break;
```

```
            }
        }
    };

    @Override
    protected void onCreate(Bundle savedInstanceState) {
        super.onCreate(savedInstanceState);
        setContentView(R.layout.activity_main);
        tv=(TextView)findViewById(R.id.tv);
        new Thread(new Runnable() {
            @Override
            public void run() {
                try {
                    Thread.sleep(5000);
                    Message message=new Message();
                    message.what=1;
                    handler.sendMessage(message); // 将 Message 对象发送出去
                } catch (InterruptedException e) {
                    e.printStackTrace();
                }
            }
        }).start();
    }
}
```

运行程序，可以看到 5s 后，界面显示"这是一条来自 Handler 的消息"文字，效果如图 3-4 所示。

项目实施

1. 创建新活动

在工程中新建一个空白活动 BaseActivity，同时创建相应的布局文件。

2. 界面设计

打开 res/layout 文件夹中的 activity_base.xml 文件，编写界面代码，单控 / 显示界面布局分为环境参数采集和电路控制两部分，环境参数中有温度、湿度、烟雾、燃气、光照、气压、CO_2、PM2.5 和人体红外 9 个参数，电路控制部分有射灯、窗帘、电视机、空调、DVD、换气扇、报警灯和门禁 8 个设备。界面布局代码如下：

```
<?xml version="1.0" encoding="utf-8"?>
<LinearLayout xmlns:android="http://schemas.android.com/apk/res/android"
    android:layout_width="match_parent"
    android:layout_height="match_parent"
```

图3-4　程序运行结果

```xml
    android:orientation="vertical"
    android:background="@drawable/background">
<LinearLayout
    android:layout_width="match_parent"
    android:layout_weight="2"
    android:layout_height="0dp"
    android:orientation="vertical">
    <TextView
        android:layout_width="match_parent"
        android:layout_height="wrap_content"
        android:textColor="#ffffff"
        android:text="采集参数："
        />
    <LinearLayout
        android:layout_width="match_parent"
        android:layout_weight="1"
        android:layout_height="0dp"
        android:orientation="horizontal"
        >
    <LinearLayout
        android:layout_width="0dp"
        android:layout_height="match_parent"
        android:layout_weight="1"
        android:orientation="horizontal">
    <TextView
        android:layout_width="0dp"
        android:layout_weight="1"
        android:textColor="#ffffff"
        android:layout_height="wrap_content"
        android:text="温度："/>
    <EditText
        android:id="@+id/et_temp"
        android:layout_width="0dp"
        android:layout_weight="1"
        android:textColor="#ffffff"
        android:layout_height="wrap_content"
        />
    </LinearLayout>
    <LinearLayout
        android:layout_width="0dp"
        android:layout_height="match_parent"
        android:layout_weight="1"
        android:orientation="horizontal">
    <TextView
        android:layout_width="0dp"
        android:layout_weight="1"
        android:textColor="#ffffff"
        android:layout_height="wrap_content"
        android:text="湿度："/>
    <EditText
        android:id="@+id/et_hum"
        android:layout_width="0dp"
```

```xml
        android:layout_weight="1"
        android:textColor="#ffffff"
        android:layout_height="wrap_content"
        />
    </LinearLayout>
    <LinearLayout
      android:layout_width="0dp"
      android:layout_height="match_parent"
      android:layout_weight="1"
      android:orientation="horizontal">
      <TextView
        android:layout_width="0dp"
        android:layout_weight="1"
        android:textColor="#ffffff"
        android:layout_height="wrap_content"
        android:text=" 烟雾："/>
      <EditText
        android:id="@+id/et_fog"
        android:layout_width="0dp"
        android:layout_weight="1"
        android:textColor="#ffffff"
        android:layout_height="wrap_content"
        />
    </LinearLayout>
  </LinearLayout>
  <LinearLayout
    android:layout_width="match_parent"
    android:layout_weight="1"
    android:layout_height="0dp"
    android:orientation="horizontal">
    <LinearLayout
      android:layout_width="0dp"
      android:layout_height="match_parent"
      android:layout_weight="1"
      android:orientation="horizontal">
      <TextView
        android:layout_width="0dp"
        android:layout_weight="1"
        android:textColor="#ffffff"
        android:layout_height="wrap_content"
        android:text=" 燃气："/>
      <EditText
        android:id="@+id/et_gas"
        android:layout_width="0dp"
        android:layout_weight="1"
        android:textColor="#ffffff"
        android:layout_height="wrap_content"
        />
    </LinearLayout>
    <LinearLayout
      android:layout_width="0dp"
      android:layout_height="match_parent"
```

```xml
      android:layout_weight="1"
      android:orientation="horizontal">
      <TextView
        android:layout_width="0dp"
        android:layout_weight="1"
        android:textColor="#ffffff"
        android:layout_height="wrap_content"
        android:text=" 光照: "/>
      <EditText
        android:id="@+id/et_ill"
        android:layout_width="0dp"
        android:textColor="#ffffff"
        android:layout_weight="1"
        android:layout_height="wrap_content"
        />
    </LinearLayout>
    <LinearLayout
      android:layout_width="0dp"
      android:layout_height="match_parent"
      android:layout_weight="1"
      android:orientation="horizontal">
      <TextView
        android:layout_width="0dp"
        android:layout_weight="1"
        android:textColor="#ffffff"
        android:layout_height="wrap_content"
        android:text=" 气压: "/>
      <EditText
        android:id="@+id/et_press"
        android:layout_width="0dp"
        android:textColor="#ffffff"
        android:layout_weight="1"
        android:layout_height="wrap_content"
        />
    </LinearLayout>
  </LinearLayout>
  <LinearLayout
    android:layout_width="match_parent"
    android:layout_weight="1"
    android:layout_height="0dp"
    android:orientation="horizontal">
    <LinearLayout
      android:layout_width="0dp"
      android:layout_height="match_parent"
      android:layout_weight="1"
      android:orientation="horizontal">
      <TextView
        android:layout_width="0dp"
        android:layout_weight="1"
        android:textColor="#ffffff"
        android:layout_height="wrap_content"
        android:text="Co2: "/>
```

```xml
        <EditText
            android:id="@+id/et_co2"
            android:layout_width="0dp"
            android:layout_weight="1"
            android:textColor="#ffffff"
            android:layout_height="wrap_content"
            />
    </LinearLayout>
    <LinearLayout
        android:layout_width="0dp"
        android:layout_height="match_parent"
        android:layout_weight="1"
        android:orientation="horizontal">
        <TextView
            android:layout_width="0dp"
            android:layout_weight="1"
            android:textColor="#ffffff"
            android:layout_height="wrap_content"
            android:text="Pm2.5: "/>
        <EditText
            android:id="@+id/et_pm"
            android:layout_width="0dp"
            android:layout_weight="1"
            android:textColor="#ffffff"
            android:layout_height="wrap_content"
            />
    </LinearLayout>
    <LinearLayout
        android:layout_width="0dp"
        android:layout_height="match_parent"
        android:layout_weight="1"
        android:orientation="horizontal">
        <TextView
            android:layout_width="0dp"
            android:layout_weight="1"
            android:textColor="#ffffff"
            android:layout_height="wrap_content"
            android:text="人体红外: "/>
        <EditText
            android:id="@+id/et_per"
            android:layout_width="0dp"
            android:textColor="#ffffff"
            android:layout_weight="1"
            android:layout_height="wrap_content"
            />
    </LinearLayout>
    </LinearLayout>
</LinearLayout>
<LinearLayout
    android:layout_width="match_parent"
    android:layout_weight="2"
    android:layout_height="0dp"
    android:orientation="horizontal">
```

```xml
<LinearLayout
  android:layout_width="0dp"
  android:layout_weight="2"
  android:layout_height="match_parent"
  android:orientation="vertical">
  <TextView
    android:layout_width="match_parent"
    android:layout_height="0dp"
    android:layout_weight="1"
    android:textColor="#ffffff"
    android:text=" 电路控制： " />
<LinearLayout
  android:layout_width="match_parent"
  android:layout_height="0dp"
  android:layout_weight="5"
  android:orientation="vertical">
    <LinearLayout
      android:layout_width="match_parent"
      android:layout_height="0dp"
      android:layout_weight="1"
      android:orientation="horizontal">
    <LinearLayout
      android:layout_width="0dp"
      android:layout_weight="1"
      android:layout_height="match_parent"
      android:orientation="horizontal">
      <TextView
        android:layout_width="0dp"
        android:layout_weight="1"
        android:textColor="#ffffff"
        android:layout_height="wrap_content"
        android:text=" 射灯："/>
      <ToggleButton
        android:layout_width="0dp"
        android:layout_weight="1"
        android:layout_height="wrap_content"
        android:id="@+id/lamp1"
        android:background="@drawable/btn"
        android:textOff=" 关闭 "
        android:textOn=" 打开 " />
    </LinearLayout>
    <LinearLayout
      android:layout_width="0dp"
      android:layout_weight="1"
      android:layout_height="match_parent"
      android:orientation="horizontal">
      <TextView
        android:layout_width="0dp"
        android:layout_weight="1"
        android:textColor="#ffffff"
        android:layout_height="wrap_content"
        android:text=" 窗帘： "/>
      <ToggleButton
```

```xml
            android:layout_width="0dp"
            android:layout_weight="1"
            android:layout_height="wrap_content"
            android:id="@+id/curtains"
            android:background="@drawable/btn"
            android:textOff=" 关闭 "
            android:textOn=" 打开 " />
    </LinearLayout>
    <LinearLayout
        android:layout_width="0dp"
        android:layout_weight="1"
        android:layout_height="match_parent"
        android:orientation="horizontal">
        <TextView
            android:layout_width="0dp"
            android:layout_weight="1"
            android:textColor="#ffffff"
            android:layout_height="wrap_content"
            android:text=" 电视机："/>
        <ToggleButton
            android:layout_width="0dp"
            android:layout_weight="1"
            android:layout_height="wrap_content"
            android:id="@+id/passageway1"
            android:background="@drawable/btn"
            android:textOff=" 关闭 "
            android:textOn=" 打开 " />
    </LinearLayout>
    <LinearLayout
        android:layout_width="0dp"
        android:layout_weight="1"
        android:layout_height="match_parent">
        <TextView
            android:layout_width="0dp"
            android:layout_weight="1"
            android:textColor="#ffffff"
            android:layout_height="wrap_content"
            android:text=" 空调："/>
        <ToggleButton
            android:layout_width="0dp"
            android:layout_weight="1"
            android:layout_height="wrap_content"
            android:background="@drawable/btn"
            android:id="@+id/passageway2"
            android:textOff=" 关闭 "
            android:textOn=" 打开 " />
    </LinearLayout>
</LinearLayout>
<LinearLayout
    android:layout_width="match_parent"
    android:layout_height="0dp"
    android:layout_weight="1" >
    <LinearLayout
```

```xml
        android:layout_width="0dp"
        android:layout_weight="1"
        android:layout_height="match_parent">
    <TextView
        android:layout_width="0dp"
        android:textColor="#ffffff"
        android:layout_weight="1"
        android:layout_height="wrap_content"
        android:text="DVD："/>
    <ToggleButton
        android:layout_width="0dp"
        android:layout_weight="1"
        android:layout_height="wrap_content"
        android:background="@drawable/btn"
        android:id="@+id/passageway3"
        android:textOff=" 关闭 "
        android:textOn=" 打开 " />
</LinearLayout>
<LinearLayout
    android:layout_width="0dp"
    android:layout_weight="1"
    android:layout_height="match_parent">
    <TextView
        android:layout_width="0dp"
        android:layout_weight="1"
        android:textColor="#ffffff"
        android:layout_height="wrap_content"
        android:text=" 换气扇："/>
    <ToggleButton
        android:layout_width="0dp"
        android:layout_weight="1"
        android:layout_height="wrap_content"
        android:background="@drawable/btn"
        android:id="@+id/fan"
        android:textOff=" 关闭 "
        android:textOn=" 打开 " />
</LinearLayout>
<LinearLayout
    android:layout_width="0dp"
    android:layout_weight="1"
    android:layout_height="match_parent">
    <TextView
        android:layout_width="0dp"
        android:layout_weight="1"
        android:textColor="#ffffff"
        android:layout_height="wrap_content"
        android:text=" 报警灯："/>
    <ToggleButton
        android:layout_width="0dp"
        android:layout_weight="1"
        android:layout_height="wrap_content"
        android:background="@drawable/btn"
        android:id="@+id/alarm_lamp"
```

```xml
            android:textOff="关闭"
            android:textOn="打开"/>
    </LinearLayout>
    <LinearLayout
        android:layout_width="0dp"
        android:layout_weight="1"
        android:layout_height="match_parent">
        <TextView
            android:layout_width="0dp"
            android:layout_weight="1"
            android:textColor="#ffffff"
            android:layout_height="wrap_content"
            android:text="门禁："/>
        <ToggleButton
            android:layout_width="0dp"
            android:layout_weight="1"
            android:layout_height="wrap_content"
            android:background="@drawable/btn"
            android:id="@+id/access_control"
            android:text="打开"/>
    </LinearLayout>
   </LinearLayout>
  </LinearLayout>
 </LinearLayout>
 <LinearLayout
    android:layout_width="wrap_content"
    android:layout_gravity="bottom"
    android:layout_height="wrap_content">
  <ImageView
    android:id="@+id/iv_rn"
    android:layout_width="wrap_content"
    android:layout_height="wrap_content"
    android:background="@drawable/icon"/>
 </LinearLayout>
 </LinearLayout>
</LinearLayout>
```

界面设计完成后，需要编写活动代码。

3. 代码编写

（1）导入库文件

① 创建一个文件夹来存放库文件，在项目名上右击，依次选择 New → Folder 命令，如图 3-5 所示。

② 打开新建文件夹窗口（见图 3-6），选中 smarthome 选项，在 Folder name 中将新文件夹命名为 libs，单击 Finish 按钮，就可以在工程中创建 libs 文件夹。

③ 找到要引入的 smarthometest.jar 包并选中，将 jar 包拖到 libs 文件夹中，或复制 jar 包，然后在 libs 文件夹上右击，选择"粘贴"命令。此时，弹出如图 3-7 所示对话框，选择默认的 Copy files，单击 OK 按钮。

> 项目三 单控／显示模块搭建

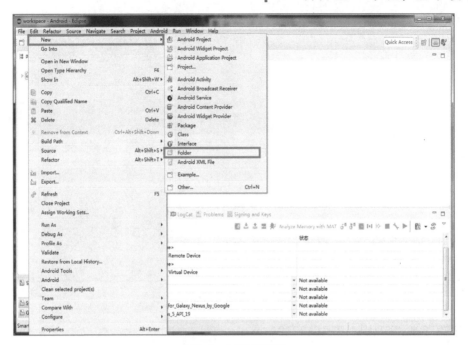

图3-5 创建文件夹

图3-6 新建文件夹窗口

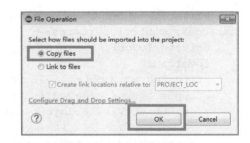

图3-7 选择Copy files选项

然后，就可以在 libs 文件夹下看到成功导入的 jar 包，如图 3-8 所示。通常，将 jar 库导入工程项目都是可以这样导入的。

导入库成功后，就可以开始编写代码，首先打开 src 文件夹中的 BaseActivity，就像之前编写 LoginActivity 代码一样，BaseActivity 的布局文件 activity_base.xml 中有 19 个 TextView、9 个 EditText、8 个 ToggleButton 和一个 ImageView。其中，TextView 是用于显示文字的，不需要初始化，剩下的 18 个控件都是需要用到的，需要在代码中对他们进行声明、初始化，声明和初始化的方法在第一个项目中已经介绍过，这里不再详细介绍。具体代码如下：

81

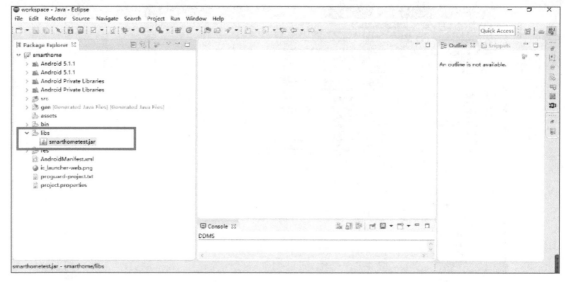

图3-8 成功导入jar包

```
package com.example.smarthome;
import android.app.Activity;
import android.view.View;
import android.widget.EditText;
import android.widget.ImageView;
import android.widget.ToggleButton;

public class BaseActivity extends Activity implements CompoundButton.OnCheckedChangeListener{
    //控件声明
    private EditText et_temp,et_hum,et_fog,et_gas,et_ill,et_press,et_co2,et_pm,et_per;
    private ToggleButton lamp1,fan,passageway1,passageway2,passageway3,alarm_lamp,access_control,curtains;
    private ImageView iv_rn;
    @Override
    protected void onCreate(Bundle savedInstanceState) {
        super.onCreate(savedInstanceState);
        setContentView(R.layout.activity_base);
        //控件初始化
        et_temp=(EditText)findViewById(R.id.et_temp);
        et_hum=(EditText)findViewById(R.id.et_hum);
        et_fog=(EditText)findViewById(R.id.et_fog);
        et_gas=(EditText)findViewById(R.id.et_gas);
        et_ill=(EditText)findViewById(R.id.et_ill);
        et_press=(EditText)findViewById(R.id.et_press);
        et_co2=(EditText)findViewById(R.id.et_co2);
        et_pm=(EditText)findViewById(R.id.et_pm);
        et_per=(EditText)findViewById(R.id.et_per);
        iv_rn=(ImageView)findViewById(R.id.iv_rn);
        lamp1= (ToggleButton) findViewById(R.id.lamp1);
        lamp1.setOnCheckedChangeListener(this);
        fan=(ToggleButton)findViewById(R.id.fan);
```

```
        fan.setOnCheckedChangeListener(this);
        curtains= (ToggleButton) findViewById(R.id.curtains);
        curtains.setOnCheckedChangeListener(this);
        alarm_lamp= (ToggleButton) findViewById(R.id.alarm_lamp);
        alarm_lamp.setOnCheckedChangeListener(this);
        access_control= (ToggleButton) findViewById(R.id.access_control);
        access_control.setOnCheckedChangeListener(this);
        passageway1= (ToggleButton) findViewById(R.id.passageway1);
        passageway1.setOnCheckedChangeListener(this);
        passageway2= (ToggleButton) findViewById(R.id.passageway2);
        passageway2.setOnCheckedChangeListener(this);
        passageway3= (ToggleButton) findViewById(R.id.passageway3);
        passageway3.setOnCheckedChangeListener(this);
    }
}
```

在编写这部分代码之前，先需要打开 AndroidManifest.xml 文件，在 <manifest>…</manifest> 标签中添加网络权限，代码如下：

```
<!-- 开启访问 Internet 权限 -->
<uses-permission android:name="android.permission.INTERNET"/>
```

开启网络权限后，应用程序就可以允许访问网络。对于环境参数的监测和设备控制，需要用到智能家居系统自带的库文件，刚刚已经将库文件导入工程中。下面将库文件导入至 BaseActivity.java 文件中，导入代码如下：

```
import lib.SocketThread;
import lib.Updata_activity;
import lib.json_dispose;
import lib.Json_data;
```

下面对这 4 个类的进行简单介绍，详见本书附录 B 中的库文件说明。

① SocketThread.class 是一个以太网线程的类，其中包含了以太网线程、网络状态参数、网络信息传递函数和网络数据处理函数，需要将 IP 地址和端口传入 SocketThread 类中连接指定的网络。

② Update_activity.class 是一个更新数据线程的类，其中包含了一个定时更新并上传环境参数数据的方法。

③ Json_dispose.class 是一个 Json 包处理的类，其中包含接收传感器数据的函数、处理数据的函数和对样板间设备发送控制命令的函数。

④ Json_data.class 是一个 Json 包数据的类，其中包含了所有会用到的传感器类型和一些需要用到的字符串，环境参数数据存储在这个类中，可以直接调用显示。

(2) 环境参数监测部分

smarthome 工程需要连接指定的服务器，修改 LoginActivity 中的代码，在登录按钮监听事件中的 startActivity(intent) 之前，将下面的代码插入：

```
SocketThread.SocketIp=ip;
SocketThread.Port=Integer.valueOf(port);
```

上面的代码是将在登录界面填写的 IP 地址和端口号传入 SocketThread 类中，方便之后连接网络。

对于网络连接，需要开启一个线程，对网络进行实时监控，同时可以提示当前网络状态，声明一个标志位 count，初始值为 1。当检测到 SocketThread_State 为 error 时，表示网络连接失败，否则连接成功，并更改 count 的值，具体代码如下：

```
private void network(){
    SocketThread.mHandlerSocketState=new Handler() {
        public void handleMessage(Message msg) {
            super.handleMessage(msg);
            Bundle b=msg.getData();
            if(count==1) {

                if (b.getString("SocketThread_State")=="error") {
                    Toast.makeText(BaseActivity.this, "网络连接失败，请重试",Toast.LENGTH_SHORT).show();
                } else {
                    Toast.makeText(BaseActivity.this, "网络连接成功，请操作",Toast.LENGTH_SHORT).show();
                    count=0;
                }
            }
        }
    };
}
```

连接上网络后，可以通过网络连接服务器采集样板间的传感器数据。也可以通过发送命令控制样板间的设备，还可以在此基础上设计一些其他的功能。

为采集传感器数据，需要使用到库文件的 Updata_activity、json_dispose 和 Json_data，先声明一个 UpdataThread 线程，将 Updata_activity 类传入，在需要的地方开启线程，因子线程中不能进行 UI 操作，所以利用 Handler 类，将接收的环境参数显示至 activity_base 界面相应的位置，这里以燃气、PM2.5、气压、CO_2、红外检测为例描述环境参数检测的实现。具体代码如下：

```
private void updata(){
    UpdataThread=new Thread(new Updata_activity());
    UpdataThread.start();//开启更新数据线程
    Updata_activity.updatahandler=new Handler() {
        public void handleMessage(Message msg) {
            super.handleMessage(msg);
            try{
                Js.receive();//库中json_dispose类函数，用于接收所有传感器采集的环境
                            // 数据，存储至json_dispose类中的receive_data中
                intgas=Double.parseDouble(Js.receive_data.get(Json_data.Gas).toString());
                String string=String.valueOf(intgas);
                et_gas.setText(string.toString()); // 在界面显示当前燃气浓度
                et_pm.setText(Js.receive_data.get(Json_data.PM25).toString());
                //在界面显示当前PM2.5
                et_press.setText(Js.receive_data.get(Json_data.AirPressure).toString());
                //在界面显示当前气压值
                et_co2.setText(Js.receive_data.get(Json_data.Co2) .toString());
                //在界面显示当前$CO_2$值
```

```
            if("无人".equals(Js.receive_data.get(Json_data.StateHumanInfrared).
toString())){
                et_per.setText("无人");
                //若没有检测到人体，则显示"无人"
            }else if("有人".equals(Js.receive_data.get(Json_data.StateHumanInfrared).
toString())){
                et_per.setText("有人");
                //若检测到人体，则显示"有人"
            }
        } catch (JSONException e) {
        e.printStackTrace();
        }
        }
    };
}
```

onResume() 是指当该 activity 与用户能进行交互时被执行，用户可以获得 activity 的焦点。能够与用户交互，通常是当前的 acitivty 被暂停了，比如被另一个透明或者 Dialog 样式的 Activity 覆盖了，之后 Dialog 取消，activity 回到可交互状态，调用并重写 onResume() 方法，然后在 onResume() 方法中调用 updata() 函数，使得每次进入 activity_base 界面时，应用程序都会自动刷新环境参数。主要代码如下：

```
@Override
protected void onResume() {
  super.onResume();
  updata();
}
```

（3）设备控制部分

设备控制部分由按钮控制，按钮分为"打开"和"关闭"两种状态，为了实现对设备的控制，这里为所有的按钮添加监听事件，利用 json_dispose 类提供的 control() 方法，发送命令至样板间，具体控制命令数据请查看相关文档，这部分以射灯、换气扇、报警灯、门禁 4 个设备为例实现控制。代码如下：

```
@Override
public void onCheckedChanged(CompoundButton buttonView, boolean isChecked) {
  switch(buttonView.getId()){
    case R.id.lamp1:
      if(isChecked) {
        Js.control(Json_data.Lamp, 0, 1);
      } else {
        Js.control(Json_data.Lamp, 0, 0);
      }
      break;
    case R.id.fan:
      if(isChecked) {
        Js.control(Json_data.Fan, 0, 1);
      } else {
        Js.control(Json_data.Fan, 0, 0);
      }
```

```
          break;
        case R.id.alarm_lamp:
          if(isChecked) {
            Js.control(Json_data.WarningLight, 0, 1);
          } else {
            Js.control(Json_data.WarningLight, 0, 0);
          }
          break;
        case R.id.access_control:
          if (isChecked) {
            Js.control(Json_data.RFID_Open_Door, 0, 1);
          } else {
            Js.control(Json_data.RFID_Open_Door, 0, 0);
          }
          break;
      }
    }
```

完成代码编写后,运行程序,观察运行结果:采集参数部分的环境参数可以实时更新,电路控制部分的设备按钮默认都为"关闭"状态,当点击任意按钮时,显示"打开"状态,同时打开相应的设备,效果如图3-9所示。

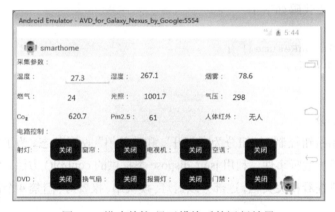

图3-9　搭建单控/显示模块后的运行效果

实训任务

① 完成环境参数显示部分其他参数的实时显示。
② 完成设备控制部分其他设备的控制功能。
③ 完成返回键功能,点击返回图标,跳转至登录界面。

项目小结

本项目是在项目二的基础上,添加了单控/显示模块,该模块主要用于智能家居的家居设备的控制,以及家庭环境参数的实时监控。完成本项目,可以通过Android端对硬件设备实现控制,同时本项目的难点在于多线程编程,读者需要熟练地掌握多线程机制原理,并在以后的项目开发中多使用。

项目四
联动模块搭建

项目目标

- 掌握 CheckBox 的使用，并可以为 CheckBox 添加监听事件。
- 掌握 Spinner 的使用，并可以为 Spinner 添加自定义格式。

项目描述

1. 加入联动模块

在 smarthome 项目中加入联动模块，实现自定义功能。添加选择界面，修改登录界面代码，登录成功后跳转至选择界面，并在选择界面上添加"基本"和"联动"选项，单击"基本"选项进入单控/显示界面，单击联动选项进入联动界面。选择界面右下角处显示当前系统时间，界面效果如图 4-1 所示。

图4-1 加入联动模块

2. 完成联动界面布局

联动界面（见图4-2）有两个功能，每个功能在相应的复选框选中时生效。第一个功能"当"后面的下拉菜单含有"温度"和"光照"两个选项，第二个下拉菜单含有">"和"<="两个选项，右侧 EditText 应填数值（如果未填或填错在该功能选中时应用 Toast 做出提示，并强制去掉勾选，下同）。第二个功能"当光照度"后面的下拉菜单含有">"和"<="两个选项，EditText 应填数值，右侧下拉菜单含有"报警灯开"和"射灯全开"两个选项。任意功能选中且条件满足时设备就会做相应的动作。联动界面右下角有一个返回图标，点击后返回至选择界面。

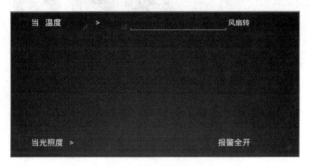
（a）整体布局

（b）下拉菜单（一） （c）下拉菜单（二）

图4-2 完成联动界面布局

相关知识

1. CheckBox

CheckBox 和 Button 一样，也是一种基本的控件，如图 4-3 所示。它的优点在于不用用户去填写具体的信息，有 true 和 false 两种情况。其属性与 Button 基本一致，不同的是 CheckBox 具有 Checked 属性。Checked 属性是 CheckBox 最重要的属性之一，改变它的方式有 3 种：XML 中声明、代码动态改变、用户触摸。它的改变可以触发 OnCheckedChange 事件，可以通过使用相应的 OnCheckedChangeListener 监听器来监听事件。

2. Spinner

Spinner 是一个下拉框控件，如图 4-4 所示。Spinner 组件一共有两个，一个是本身的 Spinner，一个是 android.support.v7.widget.AppCompatSpinner，两者的区别在于 v7 包内的 Spinner 是兼容低版本的，除此之外两者没有其他差别。Spinner 提供了从一个集合中选择其中一项的功能。默认情况下 Spinner 显示的是集合中的第一个值，点击 Spinner 会弹出一个含有所有可选值的下拉菜单，从该菜单中可以选择任一新值。

Spinner 的使用步骤一般都是先在布局中添加 Spinner 控件，然后设置数据源和显示效果，这一步可以通过 xml 文件设置，也可以利用适配器在代码中设置，xml 中设置数据源和主题比较方便快捷，但不能动态改变要显示的数据，而适配器相较于 xml 文件具有灵活性，可以根据项目需求对选项进行增、删、改等操作。最后为 spinner 添加事件监听器。

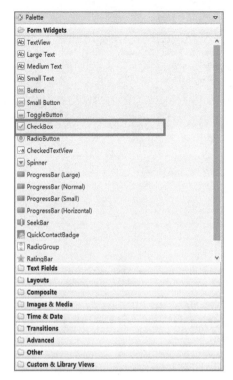

图4-3 选择CheckBox控件

图4-4 选择Spinner控件

项目实施

1. 创建新活动

在工程中新建两个空白活动 MainActivity、LinkedActivity 和 activity_main、activity_linked 布局文件。

2. 界面设计

(1) 选择界面布局设计

打开 res/layout 文件夹中的 activity_main，根据图 4-1 完成其布局设计。代码如下：

```
<LinearLayout xmlns:android="http://schemas.android.com/apk/res/android"
  android:layout_width="fill_parent"
  android:layout_height="fill_parent"
  android:orientation="vertical"
   android:background="@drawable/background">
  <LinearLayout
    android:layout_width="wrap_content"
    android:layout_height="0dp"
    android:layout_weight="3"
    android:layout_gravity="center_horizontal"
    android:orientation="vertical">
    <LinearLayout
      android:layout_width="wrap_content"
      android:layout_height="0dp"
      android:layout_weight="1"
```

```xml
        android:orientation="horizontal">
        <TextView
            android:id="@+id/tv_base"
            android:layout_width="wrap_content"
            android:layout_height="wrap_content"
            android:textSize="30dp"
            android:textColor="#ffffff"
            android:clickable="true"
            android:text=" 基本 "/>
    </LinearLayout>
    <LinearLayout
        android:layout_width="wrap_content"
        android:layout_height="0dp"
        android:layout_weight="1"
        android:orientation="horizontal">
        <TextView
            android:id="@+id/tv_link"
            android:textSize="30dp"
            android:textColor="#ffffff"
            android:layout_width="wrap_content"
            android:layout_height="wrap_content"
            android:clickable="true"
            android:text=" 联动 "/>
    </LinearLayout>
</LinearLayout>
<LinearLayout
    android:layout_width="match_parent"
    android:layout_height="0dp"
    android:gravity="end"
    android:layout_weight="1">
    <TextView
        android:id="@+id/tv_t1"
        android:layout_width="wrap_content"
        android:layout_height="wrap_content"
        android:layout_gravity="end"
        android:textColor="#ffffff"
        android:text="time"/>
</LinearLayout>
</LinearLayout>
```

在上面的布局代码中，与之前不同的是，TextView 添加了一个 android:clickable 属性，这个属性可以使得 TextView 具有点击动作，这样就可以在活动中为 TextView 添加点击监听器。

(2) 联动界面布局设计

打开 res/layout 文件夹中的 activity_linked，根据图 4-2 完成其布局设计。代码如下：

```xml
<?xml version="1.0" encoding="utf-8"?>
<LinearLayout xmlns:android="http://schemas.android.com/apk/res/android"
    android:layout_width="match_parent"
    android:layout_height="match_parent"
    android:orientation="vertical"
    android:background="@drawable/background">
<LinearLayout
```

```xml
        android:layout_width="wrap_content"
        android:orientation="vertical"
        android:layout_gravity="center"
        android:layout_height="0dp"
        android:layout_weight="1">
        <LinearLayout
            android:layout_width="wrap_content"
            android:layout_height="0dp"
            android:layout_weight="1"
            android:orientation="horizontal">
<CheckBox
    android:id="@+id/cb_1"
    android:layout_width="wrap_content"
    android:layout_height="wrap_content"
    android:textColor="#ffffff"
    android:text=" 当 "/>
            <Spinner
                android:id="@+id/s1"
                android:layout_width="100dp"
                android:layout_height="wrap_content">
            </Spinner>
            <Spinner
                android:id="@+id/s2"
                android:layout_width="80dp"
                android:layout_height="wrap_content"
                >
            </Spinner>
            <EditText
                android:id="@+id/et_1"
                android:layout_width="200dp"
                android:textColor="#ffffff"
                android:layout_height="wrap_content" />
            <TextView
                android:layout_width="wrap_content"
                android:layout_height="wrap_content"
                android:textColor="#ffffff"
                android:text=" 风扇转 "/>
        </LinearLayout>
        <LinearLayout
            android:orientation="horizontal"
            android:layout_width="wrap_content"
            android:layout_height="0dp"
            android:layout_weight="1">
            <CheckBox
                android:id="@+id/cb_2"
                android:layout_width="wrap_content"
                android:layout_height="wrap_content"
                android:textColor="#ffffff"
                android:text=" 当光照度 "/>
            <Spinner
                android:id="@+id/s3"
                android:layout_width="100dp"
                android:layout_height="wrap_content"
                >
```

```xml
    </Spinner>
    <EditText
      android:id="@+id/et_2"
      android:layout_width="200dp"
      android:textColor="#ffffff"
      android:layout_height="wrap_content" />
    <Spinner
      android:id="@+id/s4"
      android:layout_width="160dp"
      android:layout_height="wrap_content">
    </Spinner>
  </LinearLayout>
</LinearLayout>
<LinearLayout
  android:layout_width="match_parent"
  android:gravity="end"
  android:layout_height="wrap_content"
  >
  <ImageView
    android:id="@+id/iv_rn3"
    android:layout_width="wrap_content"
    android:layout_height="wrap_content"
    android:background="@drawable/icon"/>
</LinearLayout>
</LinearLayout>
```

3. 代码编写

（1）选择界面代码编写

修改 LoginActivity 代码，登录成功后进入选择界面，将 Intent intent=new Intent (LoginActivity.this,BaseActivity.class); 中的 BaseActivity.class 替换成 MainActivity.class。

因为在布局文件中已经为"基本"和"联动"两个 TextView 添加了可点击属性，所以可以为它们添加监听事件，添加方法与 Button 按钮添加监听器方法一致。具体代码如下：

```java
package com.example.smarthome;
import android.app.Activity;
import android.content.Intent;
import android.view.View;
import android.view.View.OnClickListener;
import android.widget.TextView;

public class MainActivity extends Activity implements OnClickListener {
  private TextView tv_1,tv_2,tv_3,tv_4,tv_t1;
  private Intent intent;
  @Override
  protected void onCreate(Bundle savedInstanceState) {
    super.onCreate(savedInstanceState);
    setContentView(R.layout.activity_main);
    init();
  }
  private void init() {
    tv_1=(TextView) findViewById(R.id.tv_base);
    tv_1.setOnClickListener(this);
    tv_2=(TextView)findViewById(R.id.tv_link);
```

```
    tv_2.setOnClickListener(this);
    tv_t1=(TextView)findViewById(R.id.tv_t1);
}
public void onClick(View v){
    switch(v.getId()){
        case R.id.tv_base:
            intent=new Intent(MainActivity.this,BaseActivity.class);
            break;
        case R.id.tv_link:
            intent=new Intent(MainActivity.this,LinkedActivity.class);
            break;
    }
    startActivity(intent);
    finish();
}
```

activity_main 右下角的实时时钟利用 System.currentTimeMillis() 可以获取系统当前的时间，可以开启一个线程，然后通过 handler 发消息，来实时地更新 TextView 上显示的系统时间。线程每隔一秒发送一次消息，在消息中更新 TextView 上显示的时间即可。具体代码如下：

```
public class TimeThread extends  Thread {
    @Override
    public void run() {
        do {
            try {
                Thread.sleep(1000);
                Message msg=new Message();
                msg.what=1;
                mHandler.sendMessage(msg);
            } catch (InterruptedException e) {
                e.printStackTrace();
            }
        } while (true);
    }
}

private Handler mHandler = new Handler(){
    @Override
    public void handleMessage(Message msg) {
        super.handleMessage(msg);
        switch (msg.what) {
            case 1:
                long sysTime = System.currentTimeMillis();
                CharSequence sysTimeStr = DateFormat.format("yyyy年MM月dd日 hh:mm:ss",sysTime);
                tv_t1.setText(sysTimeStr);
                break;
            default:
                break;

        }
    }
};
```

(2) 联动界面代码编写

如图 4-5 所示，右击 smarthome 工程，选择 new → Android XML file 命令。

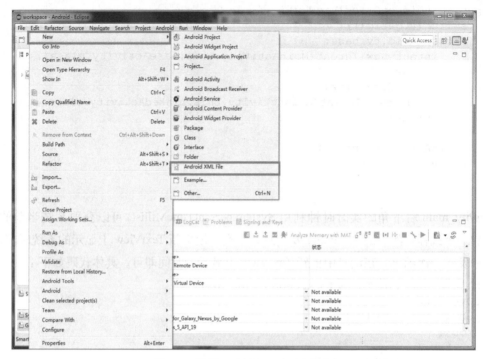

图4-5　选择Android XML file命令

如图 4-6 所示，选择 Resource Type 为 Values，然后为 xml 文件取一个名字，这里命名为 arrays，选中 Root Element 中的 resources 选项，单击 Finish 按钮。

图4-6　New Android File对话框

arrays.xml 文件初始状态如图 4-7 所示。

> 项目四　联动模块搭建

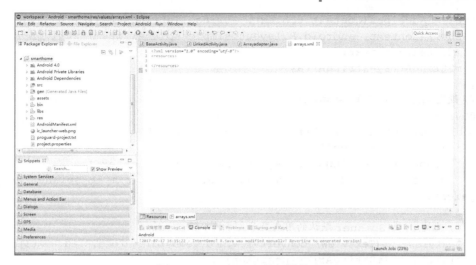

图4-7　arrays.xml文件初始状态

要在 <resources></resources> 标签里面加入 spinner 下拉选项，将下面的代码写入 arrays.xml 文件中。其中，xml 文件无法识别 "<" 符号，需要用 "<" 代替 "<" 符号，"<" 是 "<" 的转义符，在界面上显示为 "<"。

```xml
<?xml version="1.0" encoding="utf-8"?>
<resources>
  <string-array name="env">
    <item>温度</item>
    <item>光照</item>
  </string-array>
  <string-array name="spr">
    <item>报警全开</item>
    <item>射灯全开</item>
  </string-array>
  <string-array name="aa">
    <item>></item>
    <item>&lt;=</item>
  </string-array>
</resources>
```

因为需要为 Spinner 添加自定义的格式，所以新建一个 AdHelper 类，继承 ArrayAdapter<String>，具体代码如下：

```java
package com.example.smarthome;
import android.content.Context;
import android.graphics.Color;
import android.view.LayoutInflater;
import android.view.View;
import android.view.ViewGroup;
import android.widget.ArrayAdapter;
import android.widget.TextView;

public class AdHelper extends ArrayAdapter<String> {
  private Context mContext;
  private String [] mStringArray;
```

```java
    public AdHelper(Context context, String[] stringArray) {
        super(context, android.R.layout.simple_spinner_item, stringArray);
        mContext=context;
        mStringArray=stringArray;
    }
    //设置spinner下拉栏字体样式
    @Override
    public View getDropDownView(int position, View convertView, ViewGroup parent) {
        if(convertView==null) {
            LayoutInflater inflater=LayoutInflater.from(mContext);
            convertView=inflater.inflate(android.R.layout.simple_spinner_dropdown_item, parent,false);
        }
        //此处tv是Spinner默认的用来显示文字的TextView
        TextView tv=(TextView) convertView.findViewById(android.R.id.text1);
        tv.setText(mStringArray[position]);
        tv.setTextColor(Color.BLACK);
        return convertView;
    }
    //设置spinner显示字体样式
    @Override
    public View getView(int position, View convertView, ViewGroup parent) {
        if(convertView==null) {
            LayoutInflater inflater=LayoutInflater.from(mContext);
            convertView=inflater.inflate(android.R.layout.simple_spinner_item,parent,false);
        }
        //此处tv是Spinner默认的用来显示文字的TextView
        TextView tv=(TextView) convertView.findViewById(android.R.id.text1);
        tv.setText(mStringArray[position]);
        tv.setTextColor(Color.WHITE);
        return convertView;
    }
}
```

AdHelper类包括一个构造函数和两个样式设置函数，通过重写getDropDownView()和getView()、getDropDownView()方法设置的是Spinner点击后下拉栏的风格，getView()方法设置的是spinner选中某一选项之后，在界面显示的风格。上面代码中的tv是Spinner默认的用来显示文字的TextView，它的id是由android自提供的一个TextView id。

打开LinkedActivity，编写联动界面代码，先对联动界面的控件进行声明和实例化，然后需要定义一个ArrayAdapter类，用于设置spinner和一个字符串类，并存储spinner选项。

```java
package com.example.smarthome;
import org.json.JSONException;
import android.app.Activity;
import android.content.Intent;
import android.os.Bundle;
import android.os.Handler;
import android.os.Message;
import android.view.View;
import android.widget.ArrayAdapter;
import android.widget.CheckBox;
```

```java
import android.widget.CompoundButton;
import android.widget.EditText;
import android.widget.ImageView;
import android.widget.Spinner;
import lib.Json_data;
import lib.json_dispose;

public class LinkedActivity extends Activity {
    private ImageView iv_rn3;
    private Spinner s1,s2,s3,s4;
    private EditText et_1,et_2;
    private CheckBox cb_1,cb_2;
    private int flag=0;
    private ArrayAdapter<String> mAdapter ;
    private String [] mStringArray;
    private json_dispose Js = new json_dispose();
    @Override
    protected void onCreate(Bundle savedInstanceState) {
        super.onCreate(savedInstanceState);
        setContentView(R.layout.activity_linked);
        iv_rn3=(ImageView)findViewById(R.id.iv_rn3);
        s1=(Spinner)findViewById(R.id.s1);
        s2=(Spinner)findViewById(R.id.s2);
        s3=(Spinner)findViewById(R.id.s3);
        s4=(Spinner)findViewById(R.id.s4);
        et_1=(EditText)findViewById(R.id.et_1);
        et_2=(EditText)findViewById(R.id.et_2);
        cb_1=(CheckBox)findViewById(R.id.cb_1);
        cb_2=(CheckBox)findViewById(R.id.cb_2);
        // 获取 xml 文件里的选项
        mStringArray=getResources().getStringArray(R.array.env);
        mAdapter=new AdHelper(LinkedActivity.this,mStringArray);
        //s1 加载 madapter 样式
        s1.setAdapter(mAdapter);
        // 获取 xml 文件里的选项
        mStringArray=getResources().getStringArray(R.array.aa);
        mAdapter=new AdHelper(LinkedActivity.this,mStringArray);
        //s2 加载 madapter 样式
        s2.setAdapter(mAdapter);
        iv_rn3.setOnClickListener(new View.OnClickListener(){
            @Override
            public void onClick(View view){
                Intent intent=new Intent(LinkedActivity.this,MainActivity.class);
                startActivity(intent);
                finish();
            }
        });
    }
```

上面代码中 mAdapter = new AdHelper(LinkedActivity.this,mStringArray) 这句是用于在 AdHelper 中设置 spinner 的样式，首先加载到 mAdapter 中，然后通过 s2.setAdapter(mAdapter) 将 mAdapter 中的样式应用到 s2 中。

Spinner 样式设置完成后，可以开始编写功能代码，新建一个 TimeThread 线程类继承 Thread，在线程中对 CheckBox 控件状态进行监测，当监测到 CheckBox 控件被选中时，获取 Spinner 选中的项和 EditText 中的数据，完成相应的命令。这里以换气扇控制部分为例描述实现过程。具体代码如下：

```java
public class TimeThread extends  Thread {
  @Override
  public void run(){
    if(cb_1.isChecked()){
      if(s1.getSelectedItem().toString().equals("温度")){
        if(s2.getSelectedItem().toString().equals(">")){
          try {
            if(et_1.getText().toString().compareTo(Js.receive_data.get(Json_data.Temp).toString())>0){
              Js.control(Json_data.Fan, 0, 1);
            }else{
              Js.control(Json_data.Fan, 0, 0);
            }
          } catch (JSONException e){
            e.printStackTrace();
          }
        }else{
          try {
            if(et_1.getText().toString().compareTo(Js.receive_data.get(Json_data.Temp).toString())<=0){
              Js.control(Json_data.Fan, 0, 1);
            }else{
              Js.control(Json_data.Fan, 0, 0);
            }
          } catch (JSONException e) {
            e.printStackTrace();
          }
        }
      }
      else{
        if (s2.getSelectedItem().toString().equals(">")) {
          try {
            if (et_1.getText().toString().compareTo(Js.receive_data.get(Json_data.Illumination).toString()) > 0) {
              Js.control(Json_data.Fan, 0, 1);
            } else {
              Js.control(Json_data.Fan, 0, 0);
            }
          } catch (JSONException e){
            e.printStackTrace();
          }
        }
        else{
          try {
            if(et_1.getText().toString().compareTo(Js.receive_data.get(Json_data.Illumination).toString())<=0){
```

```
                    Js.control(Json_data.Fan, 0, 1);
                }else{
                    Js.control(Json_data.Fan, 0, 0);
                }
            } catch (JSONException e) {
                e.printStackTrace();
            }
        }
      }
    }
  }
}
```

在 cb1 上添加监听器，监听器事件中开启线程，代码如下：

```
cb_1.setOnCheckedChangeListener(new CompoundButton.OnCheckedChangeListener() {
    @Override
    public void onCheckedChanged(CompoundButton compoundButton, boolean b) {
        new TimeThread().start();
    }
});
```

完成代码编写后运行程序，观察运行结果，单击选择界面中的"联动"可以跳转至联动界面。联动界面主要有两个自定义部分，先选择下拉框内容，对条件进行设置，然后选中单选按钮，当条件达到时实现相应的功能，效果如图 4-8 所示。

（a）选择界面

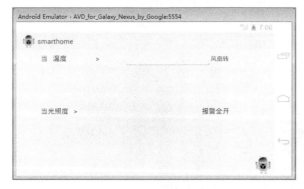

（b）联动界面

图 4-8　搭建联动模块的运行结果

实训任务

① 本项目中只完成了一部分联动功能，需要读者完成剩下部分的联动功能。
② 完成返回键功能，点击返回图标，跳转至登录界面。

项目小结

本项目是在项目三的基础上，添加了联动模块，主要是利用 CheckBox 和 Spinner 等控件，实现对智能家居设备的自定义控制，本项目的难点在于利用 ArrayAdapter 类定义 Spinner 类的格式，通过重写 getDropDownView() 方法和 getView() 方法，定义 Spinner 的下拉框格式以及选中项的显示格式。

项目五
情景模块搭建

项目目标

- 掌握 RadioButton 和 RadioGroup 的使用,并可以为其条件监听事件。
- 了解时间选择控件的使用方法,完成利用时间选择控件定时。

项目描述

在 smarthome 项目中加入情景模式模块。

1. 添加模式选项

在选择界面添加模式选项,界面效果如图 5-1 所示。

图5-1 添加模式选项

2. 选择模式

模式界面共有4种模式可选，当单选按钮被选中且开关按钮为"打开"时，该单选按钮对应的模式启动。界面如图 5-2 所示。

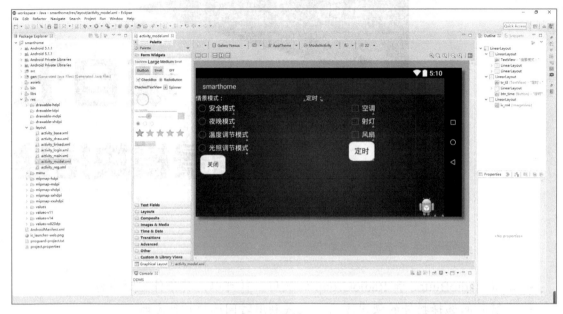

图5-2　选择模式界面

（1）安全模式

当模式按钮打开时，开始监控人体红外，当显示有人时，打开报警灯；模式关闭时则不触发。

（2）夜晚模式

当夜晚模式打开时，窗帘关，射灯全开，如果烟雾值浓度大于 230 ppm 则换气扇开，否则关闭换气扇。

（3）温度调节模式

当模式按钮打开时，开始监控室内温度，当室内温度达到 30℃或 30℃以上时打开风扇，模式关闭则不触发。

（4）光照调节模式

当模式按钮打开时，开始监控光照强度，当光照强度达到 1 000 Lx 或 1 000 Lx 以上时，自动拉上窗帘，模式关闭则不触发。

模式界面还有一个定时功能，通过点击定时功能中的选项以选择需要定时的设备，随后单击"定时"按钮弹出时间控件选择所需时间，当达到设置时间后，自动执行对应的操作。

相关知识

1. RadioButton

在上一个项目中学习了 CheckBox，了解了它的作用以及用法，现在来学习另一个与 CheckBox 类似的选择框——RadioButton，如图 5-3 所示。

RadioButton 在 Android 开发中应用非常广泛，例如一些选择项会用到单选按钮，可以选择或不选择。在 RadioButton 没有被选中时，可以按下或点击来选中它。但是，一旦选中就不能够取消。

RadioButton 一般可以与 RadioGroup 一起使用，RadioGroup 是单选组合框，是一个可以容纳多个 RadioButton 的容器。如图 5-4 所示，第一个问题在没有 RadioGroup 的情况下，RadioButton 可以全部都选中；第二个问题在多个 RadioButton 被 RadioGroup 包含的情况下，RadioButton 只可以选择一个。RadioButton 一般用 setOnCheckedChangeListener 来对单选按钮进行监听。

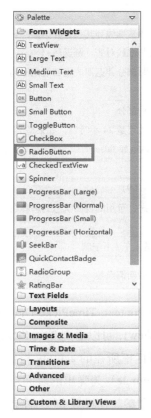

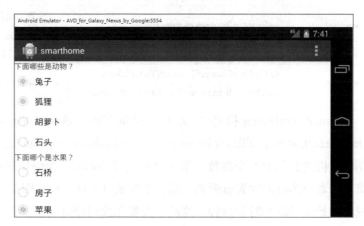

图5-3　选择RadioButton　　　　　图5-4　单选按钮选择界面

RadioButton 和 CheckBox 的区别在于：单个 RadioButton 在选中后，通过点击无法变为未选中，而单个 CheckBox 在选中后，通过点击可以变为未选中；一组 RadioButton，只能同时选中一个，一组 CheckBox，能同时选中多个；在外形上 RadioButton 在大部分 UI 框架中默认都以圆形表示，CheckBox 在大部分 UI 框架中默认都以矩形表示。

2. 时间选择控件

很多手机界面都可以添加一个时钟控件类显示当前时间，Android 提供了两种方式可以实现时钟功能：一种是直接添加 TimePicker 控件，如图 5-5 所示；另一种则是以弹出窗形式出现

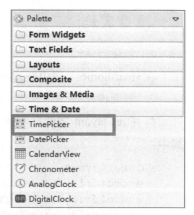

图5-5　添加TimePicker控件

的 TimePickerDialog 时间选择器。

TimePicker 是一个比较常用的用于选择时间的控件，是从 FrameLayout 派生而来，又在 FrameLayout 的基础上提供了一些方法可以获取当前用户所选择的时间。开发者可以通过为 TimePicker 添加 OnTimeSetListener 监听器进行监听，获取用户选择的时间。TimePicker 支持 24 小时及上午/下午模式，而小时、分钟及上午/下午都可以用垂直滚动条来控制。TimePicker 公共方法如表 5-1 所示。

表5-1 TimePicker公共方法

返回类型	函数名	说明
Int	getBaseline ()	返回窗口空间的文本基准线到其顶边界的偏移量。如果这个部件不支持基准线对齐，则返回 -1
Int	getCurrentHour ()	获取当前时间的小时部分并返回，返回值范围为 0～23
Int	getCurrentMinute()	获取当前时间的分钟部分
boolean	is24HourView()	获取当前系统设置是否是 24 小时制。如果是 24 小时制返回 true，否则返回 false
void	setCurrentHour(Integer currentHour)	设置当前小时
void	setCurrentMinute(Integer currentMinute)	设置当前分钟（0～59）
void	setEnabled(boolean enabled)	设置可用的视图状态。可用的视图状态的解释在子类中改变
void	setIs24HourView(Boolean is24HourView)	设置是 24 小时还是上午/下午制
void	setOnTimeChangedListener(TimePicker.OnTimeChangedListeneronTimeChangedListene)	设置时间调整事件的回调函数

TimePickerDialog 构造方法为：public TimePickerDialog (Context context, TimePickerDialog.OnTimeSetListener callBack,int hourOfDay, int minute, boolean is24HourView)，可以看到 TimePickerDialog 构造方法有 5 个参数，第一个参数（context）为弹出的时间对话框所在的 activity 指针；第二个参数为时间设置监听器；第三个参数（hour）和第四个参数（minute）为弹出的时间对话框的初始显示的小时和分钟，这两个变量在代码中进行初始化；第五个参数为设置 24 小时显示参数，true 代表时间以 24 小时制显示时间。

项目实施

1. 创建新活动

在 smarthome 工程中新建一个空白活动 ModelActivity 和一个 activity_model 布局文件。

2. 界面设计

打开 res/layout 文件夹中的 activity_main，根据图 5-1 修改布局代码，将下面的代码加入布局中：

```
<LinearLayout
  android:layout_width="wrap_content"
  android:layout_height="0dp"
  android:layout_weight="1"
```

```xml
      android:orientation="horizontal">
    <TextView
        android:id="@+id/tv_model"
        android:textSize="30dp"
        android:textColor="#ffffff"
        android:layout_width="wrap_content"
        android:layout_height="wrap_content"
        android:clickable="true"
        android:text=" 模式 "/>
</LinearLayout>
```

打开 res/layout 文件夹中的 activity_model，根据图 5-2 完成其布局设计。代码如下：

```xml
<?xml version="1.0" encoding="utf-8"?>
<LinearLayout xmlns:android="http://schemas.android.com/apk/res/android"
    android:layout_width="match_parent"
    android:layout_height="match_parent"
    android:orientation="horizontal"
    android:background="@drawable/background">
    <LinearLayout
        android:layout_width="0dp"
        android:layout_weight="4"
        android:layout_height="match_parent"
        android:orientation="vertical">
        <TextView
            android:layout_width="match_parent"
            android:layout_height="wrap_content"
             android:textColor="#ffffff"
            android:text=" 情景模式："
            />
<LinearLayout
    android:layout_width="match_parent"
    android:layout_height="wrap_content"
    >
    <RadioGroup
        android:layout_width="wrap_content"
        android:layout_height="wrap_content">
    <RadioButton
        android:id="@+id/Security_mode"
        android:layout_width="wrap_content"
        android:layout_height="wrap_content"
        android:textColor="#ffffff"
        android:text=" 安全模式 "/>
    <RadioButton
        android:id="@+id/night"
        android:layout_width="wrap_content"
        android:layout_height="wrap_content"
        android:textColor="#ffffff"
        android:text=" 夜晚模式 "/>
    <RadioButton
        android:id="@+id/tmp_mode"
        android:layout_width="wrap_content"
        android:layout_height="wrap_content"
```

```xml
            android:textColor="#ffffff"
            android:text=" 温度调节模式 "/>
        <RadioButton
            android:id="@+id/ill_mode"
            android:layout_width="wrap_content"
            android:layout_height="wrap_content"
            android:textColor="#ffffff"
            android:text=" 光照调节模式 "/>
    </RadioGroup>
</LinearLayout>
    <LinearLayout
        android:layout_width="wrap_content"
        android:layout_height="wrap_content"
        android:layout_marginLeft="10dp"
        android:layout_gravity="bottom">

        <ToggleButton
            android:id="@+id/tb_1"
            android:layout_width="wrap_content"
            android:layout_height="wrap_content"
            android:background="@drawable/btn"
            android:textOff=" 关闭 "
            android:textOn=" 打开 " />
</LinearLayout>
    </LinearLayout>
    <LinearLayout
        android:layout_width="0dp"
        android:layout_weight="4"
        android:layout_height="match_parent"
        android:orientation="vertical">
<TextView
        android:id="@+id/tv_t3"
        android:layout_width="wrap_content"
        android:layout_height="wrap_content"
        android:textColor="#ffffff"
        android:text=" 定时 : "/>
<LinearLayout
        android:layout_width="wrap_content"
        android:layout_height="wrap_content"
        android:layout_gravity="center"
        android:orientation="vertical"
        >
        <CheckBox
            android:id="@+id/cb_ac"
            android:layout_width="wrap_content"
            android:layout_height="wrap_content"
            android:textColor="#ffffff"
            android:text=" 空调 "/>
        <CheckBox
            android:id="@+id/cb_lamp"
            android:layout_width="wrap_content"
            android:layout_height="wrap_content"
```

```xml
            android:textColor="#ffffff"
            android:text=" 射灯 "/>
        <CheckBox
            android:id="@+id/cb_fan"
            android:layout_width="wrap_content"
            android:layout_height="wrap_content"
            android:textColor="#ffffff"
            android:text=" 风扇 "/>
    </LinearLayout>
    <Button
        android:id="@+id/btn_time"
         android:layout_gravity="center"
         android:layout_width="wrap_content"
        android:layout_height="wrap_content"
        android:background="@drawable/btn"
        android:text=" 定时 "/>
    </LinearLayout>
    <LinearLayout
        android:layout_width="0dp"
        android:layout_weight="1"
        android:layout_height="wrap_content"
        android:layout_gravity="bottom"   >
        <ImageView
           android:id="@+id/iv_rn4"
           android:layout_width="wrap_content"
           android:layout_height="wrap_content"
           android:background="@drawable/icon"/>
    </LinearLayout>
</LinearLayout>
```

3. 代码编写

需要对 activity_model 界面的控件进行声明和实例化，模式界面的代码分为两部分：一部分是情景模式部分，另一部分是定时功能部分。

(1) 情景模式部分代码编写

情景模式部分由一个 RadioGroup 单选组合框和一个按钮组成，RadioGroup 中共有 4 个模式可供选择，分别为安全模式、夜晚模式、温度调节模式、光照度调节模式。

安全模式需要完成人体红外的监测和报警灯的开关；夜晚模式需要完成对烟雾的监测和窗帘、射灯及换气扇的控制；温度调节模式需要完成对温度的监测和换气扇的控制；光照调节模式需要完成对光照强度的监测和窗帘的控制。

开启一个线程，实现情景模式功能，在线程中插入对 RadioButton 状态的检测和每个情景模式相应的指令。下面的代码以离家模式为例，完成情景模式功能。

```java
package com.example.smarthome;
import android.content.Intent;
import android.os.Handler;
import android.os.Message;
import android.app.Activity;
import android.os.Bundle;
import android.view.View;
```

```java
import android.widget.CheckBox;
import android.widget.CompoundButton;
import android.widget.RadioButton;
import android.widget.ToggleButton;
import lib.Json_data;
import lib.json_dispose;

public class ModelActivity extends Activity {
    private RadioButton Security_mode;
    private ToggleButton tb_1;
    private json_dispose Js=new json_dispose();
    @Override
    protected void onCreate(Bundle savedInstanceState) {
        super.onCreate(savedInstanceState);
        setContentView(R.layout.activity_model);
        Security_mode=(RadioButton)findViewById(R.id.Security_mode);
        tb_1=(ToggleButton)findViewById(R.id.tb_1);
    }

    public class TimeThread extends  Thread {
        @Override
        public void run() {
            try {
                if (Security_mode.isChecked()) {
                    if("0".equals(Js.receive_data.get(Json_data.StateHumanInfrared).toString())){
                        Js.control(Json_data.WarningLight, 0, 0);
                    }else if("1".equals(Js.receive_data.get (Json_data.StateHumanInfrared).toString())){
                        Js.control(Json_data.WarningLight, 0, 1);
                    }
                }
            } catch (Exception e) {
                // TODO Auto-generated catch block
                e.printStackTrace();
            }}
        }
    }
}
```

以上4个情景模式都是在情景模式按钮打开状态下完成的,所以在程序中定义一个Button,并绑定模式界面的情景模式按钮,为情景模式按钮添加监听事件。主要代码如下:

```java
// 对tb_1添加监听事件
tb_1.setOnCheckedChangeListener(new CompoundButton.OnCheckedChangeListener(){
    @Override
    public void onCheckedChanged(CompoundButton compoundButton, boolean b){
        new TimeThread().start();
    }

});
```

(2) 定时功能部分代码编写

定时功能部分是由一个 Button 控制，单击"定时"按钮，会弹出一个时间选择框，设置好时间后返回模式界面，同时会利用 Toast 提示定时时长，达到定时的时间后，执行相应的操作。

同样，需要开启一个线程来完成这部分的功能，调用 Handler 的 postDelayed() 方法，声明一个 TimePickerDialog 类，添加 OnTimeSetListener 监听器，完成定时功能。

```java
btn_time.setOnClickListener(new View.OnClickListener() {
    @Override
    public void onClick(View view) {
        TimePickerDialog time=new TimePickerDialog(ModelActivity.this, new OnTimeSetListener() {
            @Override
            public void onTimeSet(TimePicker view, int hourOfDay, int minute) {
                // TODO Auto-generated method stub
                Toast.makeText(ModelActivity.this,"定时时间："+hourOfDay+"小时"+minute+"分", Toast.LENGTH_SHORT).show();
                Hour=hourOfDay;
                Min=minute;
                final Handler handler=new Handler();
                Runnable runnable=new Runnable(){
                    @Override
                    public void run() {
                        if(cb_lamp.isChecked()){
                            Js.control(Json_data.Lamp, 0, 1);
                        }

                        if(cb_ac.isChecked()){
                            Js.control(Json_data.InfraredEmit, 0, 2);
                        }

                        if(cb_fan.isChecked()){
                            Js.control(Json_data.Fan, 0, 1);
                        }
                        handler.removeCallbacks(this); //销毁 Handler 动作
                    }
                };
                handler.postDelayed(runnable, (Hour*60+Min)*60*1000);
            }
        }, 00, 00, true);
        time.show();
    }
});
```

完成代码编写后，运行程序，观察运行结果，如图 5-6（a）所示。单击选择界面的"模式"可以跳转至情景模块界面。情景模块界面的情景模式部分由一个开关按钮控制，默认为"关闭"状态，选择任一情景模式，当单击按钮显示"打开"状态时，可以设置当前环境情景模式；定时部分由一个定时按钮控制，选择需要定时的设备，单击"定时"按钮，会弹出一个时间设置窗口设置需要定时的时长，设置好后，自动返回情景模块界面，同时开始计时，但达到设置的时长时，打开之前所选的设备，效果如图 5-6（b）所示。

（a）选择界面

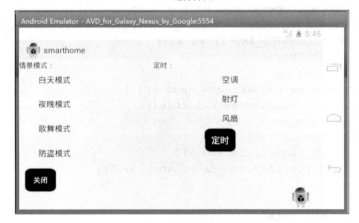

（b）情景模块界面

图5-6　搭建情景模块后的效果

实训任务

① 完成其他3个情景模式功能。

② 完成返回键功能，单击返回图标，跳转至登录界面。

项目小结

本项目在项目四的基础上，添加了一个情景模块，该模块主要包含智能家居的4个情节模式和一个定时功能。本项目的难点在于需要通过线程实现定时功能，在情景模块中声明一个TimePicker类，通过OnTimeSetListener()方法获取设置的时间，利用子线程进行计时，实现控制功能。

项目六 绘图模块搭建

项目目标

- 了解自定义 View 的工作原理,并可以添加任意自定义 View。
- 掌握 Paint 类、Canvas 类的使用和绘图方法,可以在应用程序中绘制任意图形。

项目描述

在 smarthome 工程中新建 DrawActivity 活动和 activity_draw 布局文件,完成绘图功能。

1. 添加"绘图"选项

在选择界面添加"绘图"选项,完成图表模块,界面设计如图 6-1 所示。单击"绘图"选项进入统计界面。

图6-1 添加"绘图"选项

2. 设置图表界面

图表界面如图 6-2 所示,如果开关按钮为 ON,所有检测到的环境参数就会被记录到数据库中,同时绘制出柱状图,右侧会显示相应的数据;如果将开关按钮置为 OFF,柱状图和表格内容保持不变。当采集到的环境最大值超过 100 时,纵坐标刻度的最大值变为合适的刻度(1000 或 2000)。

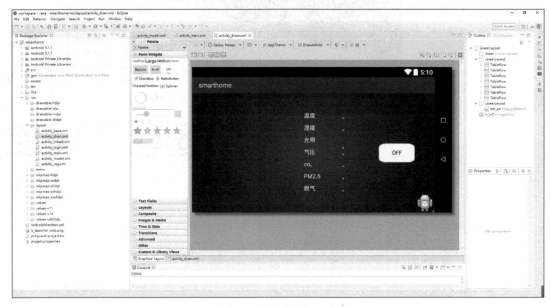

图6-2　设置图表界面

相关知识

1. 自定义 View

在日常的 Android 开发中会经常和控件打交道,有时 Android 提供的控件未必能满足业务的需求,这时就需要自定义一些控件,下面了解自定义控件的要求和实现的基本原理。

自定义控件需满足以下要求:

① 应当遵守 Android 标准的规范(命名,可配置,事件处理等)。

② 在 XML 布局中可配置控件的属性。

③ 对交互应当有合适的反馈,如按下、点击等。

④ 具有兼容性,Android 版本很多,应该具有广泛的适用性。

Android 所有的控件都是 View 或者 View 的子类,如图 6-3 所示,View 其实表示的就是屏幕上的一块矩形区域,用一个 Rect 类对象来表示:left、top 表示 View 相对于它的 parent View 的起点,width、height 表示 View 自己的宽高,通过这 4 个字段就能确定 View 在屏幕上的位置,确定位置后就可以开始绘制 View 的内容。

创建自定义控件的 3 种主要实现方式:

① 继承已有的控件来实现自定义控件:当想要实现的控件和已有的控件在很多方面比较类似时,可通过对已有控件的扩展来满足要求。

② 通过继承一个布局文件实现自定义控件,一般来说做组合控件时可以通过这个方式

来实现。注意，此时不用 onDraw 方法，通过 inflater 加载自定义控件的布局文件，再调用 addView(view) 函数，自定义控件的图形界面就加载进来了。

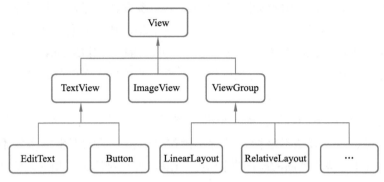

图6-3　Android的控件

③ 通过继承 View 类来实现自定义控件，使用 GDI 绘制出组件界面，一般无法通过上述两种方式来实现时可使用该方式。

2. Paint

Android 中的画笔有两种：Paint 和 TextPaint，可以用 Paint 来画点、线、矩形、椭圆等图形。TextPaint 继承自 Paint，是专门用来画文本的，由于 TextPaint 继承自 Paint，所以也可以用 TextPaint 画点、线、面、矩形、椭圆等图形。

Paint 类是一个非常常用的类，一般用来设置绘制风格，例如画笔颜色、笔触粗细、填充风格等，它可以将 View 上的 n 个点连成一条"路径"，然后调用 Canvas 的 drawPath() 方法即可沿着路径绘制图形。Paint 中包含了很多方法对其属性进行设置，主要方法如表 6-1 所示。

表6-1　Paint中的方法

方法	说明
setAntiAlias()	设置画笔的锯齿效果
setColor()	设置画笔颜色
setARGB()	设置画笔的a、r、p、g值
setAlpha()	设置Alpha值
setTextSize()	设置字体尺寸
setStyle()	设置画笔风格，空心或者实心
setStrokeWidth()	设置空心的边框宽度

3. Canvas

Android 中，如果想绘制复杂的自定义 View 或游戏，就需要熟悉绘图 API。Android 的 Canvas 类有很多 draw() 方法，可以通过这些方法绘制各种各样的图形。

Canvas 绘图有 3 个基本要素：Canvas、绘图坐标系以及 Paint。Canvas 是画布，通过 Canvas 的各种 draw() 方法将图形绘制到 Canvas 上面，在 draw() 方法中调用需要绘制的图形的坐标形状和画笔 Paint 类。draw() 方法以及传入的坐标决定了要绘制的图形的形状，例如，drawCircle() 方法用来绘制圆形，需要设置圆心的 x 和 y 坐标以及圆的半径。draw() 方法中传入的画笔 Paint 决定了绘制的图形的一些外观，比如绘制的图形的颜色、粗细等。

想要使用 Canvas 绘图，还需要先了解坐标系。Canvas 绘图有两种坐标系：Canvas 坐标系与绘图坐标系。

Canvas 坐标系指的是 Canvas 本身的坐标系，Canvas 坐标系有且只有一个，且是唯一不变的，其坐标原点在 View 的左上角，从坐标原点向右为 x 轴的正半轴，从坐标原点向下为 y 轴的正半轴。

Canvas 的 draw() 方法中传入的各种坐标指的都是绘图坐标系中的坐标，而非 Canvas 坐标系中的坐标。默认情况下，绘图坐标系与 Canvas 坐标系重合，即初始状况下，绘图坐标系的坐标原点也在 View 的左上角，从原点向右为 x 轴正半轴，从原点向下为 y 轴正半轴。但不同于 Canvas 坐标系，绘图坐标系并不是一成不变的，可以通过调用 Canvas 的 translate() 方法平移坐标系，可以通过 Canvas 的 rotate() 方法旋转坐标系，还可以通过 Canvas 的 scale() 方法缩放坐标系。

要注意的是，translate、rotate、scale 的操作都是基于当前绘图坐标系的，而不是基于 Canvas 坐标系，通过以上方法对坐标系进行了操作之后，当前绘图坐标系就不再是之前的坐标系了，以后绘图都是基于更新的绘图坐标系。所以，真正对绘图有用的是绘图坐标系而不是 Canvas 坐标系。Canvas 提供了如表 6-2 的一些方法。

表6-2 Canvas提供的一些方法

方法	说明
canvas.drawLine(float startX, float startY, float stopX, float stopY, Paint paint)	绘制直线
canvas.drawRect(float left, float top, float right, float bottom, Paint paint)	绘制矩形
canvas.drawCircle(float cx, float cy, float radius, Paint paint)	绘制圆形
canvas.drawText(String text, float x, float y, Paint paint)	绘制字符
canvas.drawBirmap(Bitmap bitmap, float left, float top, Paint paint)	绘制图形

新建一个 DrawDemo 工程，其他设置默认不变，新建一个 MyView 类继承 View 类，实现 Myview 类构造函数，重写 onDraw() 方法。具体代码如下：

```
package com.example.drawdemo;
import android.content.Context;
import android.view.View;

public class MyView extends View {
  public MyView(Context context)
  {
    super(context);
  }

  @Override
  public void onDraw(Canvas canvas) {
    // 此处添加绘图操作
    super.onDraw(canvas);
  }
}
```

要画图形，至少需要有 3 个对象：颜色对象 Color、画笔对象 Paint、画布对象 Canvas。先声明一个 Paint 类，设置画笔颜色、字体大小、笔触粗细和风格等属性，所有绘图操作都是写在 onDraw() 方法中的，将下面的代码插入 onDraw() 方法中。

```
Paint paint=new Paint();
// 设置字体颜色
paint.setColor(Color.BLACK);
```

```
//设置字体大小
paint.setTextSize(100);
//让画出的图形是空心的
paint.setStyle(Paint.Style.STROKE);
//设置画出的线的 粗细程度
paint.setStrokeWidth(5);
```

首先可以画出一条直线，调用 Canvas 类的 drawLine() 方法，传入直线两端的坐标点和 Paint 画笔，即可画出一条直线。绘制直线代码如下：

```
canvas.drawLine(0, 0, 200, 200, paint);
```

运行程序，效果如图 6-4 所示。

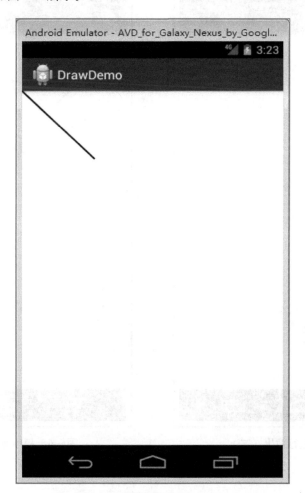

图6-4　程序运行效果（一）

下面画一个圆，画笔颜色设置为红色，调用 drawCircle() 方法，传入圆心坐标和半径大小。绘制圆形代码如下：

```
paint.setColor(Color.RED);
canvas.drawCircle(100, 350, 100, paint);
```

运行程序，效果如图 6-5 所示。

再来画一个矩形，并在矩形旁添加文字。首先调用 drawRect() 方法，依次设置矩形左上角 x

坐标值，矩形左上角 y 坐标值，矩形右下角 x 坐标值，矩形右下角 y 坐标值。调用 drawText() 方法，设置文字坐标。代码如下：

```
//画矩形
  canvas.drawRect(500, 300, 300, 500, paint);
    //添加文字
canvas.drawText("矩形", 300, 200, paint);
```

运行程序，效果如图 6-6 所示。

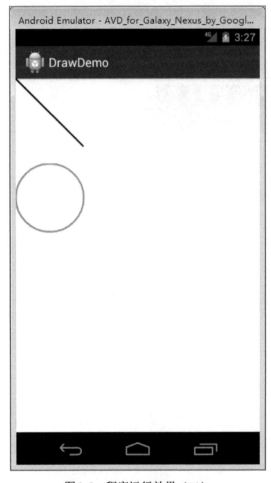

图6-5　程序运行效果（二）

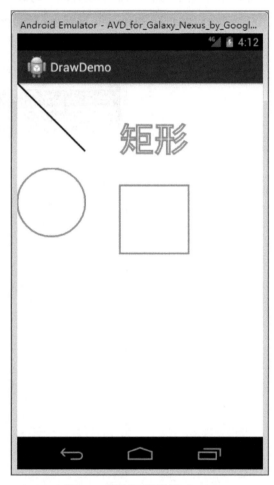

图6-6　程序运行效果（三）

项目实施

1. 创建新活动

在 smarthome 工程中新建一个空白活动 DrawActivity 和 activity_draw 布局文件。

2. 界面设计

打开 res/layout 文件夹中的 activity_main，根据图 6-1 修改布局代码，将下面的代码添加至布局文件中：

```xml
<LinearLayout
    android:layout_width="wrap_content"
    android:layout_height="0dp"
    android:layout_weight="1"
    android:orientation="horizontal">
    <TextView
       android:id="@+id/tv_draw"
       android:textSize="30dp"
       android:textColor="#ffffff"
       android:layout_width="wrap_content"
       android:clickable="true"
       android:layout_height="wrap_content"
       android:text=" 绘图 "/>
</LinearLayout>
```

打开 res/layout 文件夹中的 activity_draw，根据图 6-2 完成其布局设计，代码如下：

```xml
<?xml version="1.0" encoding="utf-8"?>
<LinearLayout xmlns:android="http://schemas.android.com/apk/res/android"
    xmlns:tools="http://schemas.android.com/tools"
    xmlns:custom="http://schemas.android.com/apk/com.bizideal.smarthometest"
    android:layout_width="match_parent"
    android:layout_height="match_parent"
    android:background="@drawable/background">
    <LinearLayout
       android:id="@+id/linear"
       android:layout_width="0dp"
       android:layout_weight="3"
       android:gravity="center_vertical"
       android:layout_height="match_parent"
       android:orientation="horizontal">
    </LinearLayout>
    <LinearLayout
       android:layout_width="0dp"
       android:layout_weight="2"
       android:layout_marginTop="10dp"
       android:layout_height="match_parent"
       android:gravity="center"
       android:orientation="vertical">
       <TableRow
          android:layout_width="wrap_content"
          android:layout_height="30dp">
          <TextView
             android:id="@+id/tv_num1"
             android:layout_width="100dp"
             android:textColor="#ffffff"
             android:layout_height="wrap_content"
             android:text=" 温度 " />
          <TextView
             android:id="@+id/tv_data1"
             android:layout_width="100dp"
             android:textColor="#ffffff"
             android:layout_height="wrap_content" />
```

```xml
        </TableRow>
        <TableRow
            android:layout_width="wrap_content"
            android:layout_height="30dp">
            <TextView
                android:id="@+id/tv_num2"
                android:layout_width="100dp"
                android:textColor="#ffffff"
                android:layout_height="wrap_content"
                android:text=" 湿度 " />
            <TextView
                android:id="@+id/tv_data2"
                android:layout_width="100dp"
                android:textColor="#ffffff"
                android:layout_height="wrap_content" />
        </TableRow>
        <TableRow
            android:layout_width="wrap_content"
            android:layout_height="30dp">
            <TextView
                android:id="@+id/tv_num3"
                android:layout_width="100dp"
                android:textColor="#ffffff"
                android:layout_height="match_parent"
                android:text=" 光照 " />
            <TextView
                android:id="@+id/tv_data3"
                android:layout_width="100dp"
                android:textColor="#ffffff"
                android:layout_height="match_parent" />
        </TableRow>
        <TableRow
            android:layout_width="wrap_content"
            android:layout_height="30dp">
            <TextView
                android:id="@+id/tv_num4"
                android:layout_width="100dp"
                android:textColor="#ffffff"
                android:layout_height="wrap_content"
                android:text=" 气压 " />
            <TextView
                android:id="@+id/tv_data4"
                android:layout_width="100dp"
                android:textColor="#ffffff"
                android:layout_height="wrap_content" />
        </TableRow>
        <TableRow
            android:layout_width="wrap_content"
            android:layout_height="30dp">
            <TextView
                android:id="@+id/tv_num5"
                android:textColor="#ffffff"
```

```xml
            android:layout_width="100dp"
            android:layout_height="wrap_content"
            android:text="co₂" />
        <TextView
            android:id="@+id/tv_data5"
            android:layout_width="100dp"
            android:textColor="#ffffff"
            android:layout_height="wrap_content" />
    </TableRow>
    <TableRow
        android:layout_width="wrap_content"
        android:layout_height="30dp">
        <TextView
            android:id="@+id/tv_num6"
            android:layout_width="100dp"
            android:textColor="#ffffff"
            android:layout_height="wrap_content"
            android:text="PM2.5"/>
        <TextView
            android:id="@+id/tv_data6"
            android:layout_width="100dp"
            android:textColor="#ffffff"
            android:layout_height="wrap_content" />
    </TableRow>
    <TableRow
        android:layout_width="wrap_content"
        android:layout_height="30dp">
        <TextView
            android:id="@+id/tv_num7"
            android:layout_width="100dp"
            android:textColor="#ffffff"
            android:layout_height="wrap_content"
            android:text=" 燃气 "/>
        <TextView
            android:id="@+id/tv_data7"
            android:layout_width="100dp"
            android:textColor="#ffffff"
            android:layout_height="wrap_content" />
    </TableRow>
</LinearLayout>
<LinearLayout
    android:layout_width="0dp"
    android:layout_weight="1"
    android:layout_height="match_parent"
    android:gravity="center"
    android:orientation="vertical">
    <ToggleButton
        android:id="@+id/btn_on"
        android:layout_width="match_parent"
        android:layout_height="wrap_content"
        android:background="@drawable/btn"
        android:textOff="OFF"
```

```xml
            android:textOn="ON"/>
    </LinearLayout>
      <ImageView
        android:id="@+id/iv_rn5"
        android:layout_gravity="bottom"
        android:layout_width="wrap_content"
        android:layout_height="wrap_content"
        android:background="@drawable/icon" />
</LinearLayout>
```

3. 代码编写

绘图模块由两部分组成：一部分是柱状图部分；另一部分是环境参数显示部分。声明并实例化绘图界面的控件，绘图功能由绘图按钮控制，所以先在绘图按钮上添加监听器，定义一个 flag 标志位，默认状态为 false，当按钮按下时，flag 为 true。代码如下：

```java
btn_on.setOnCheckedChangeListener(new CompoundButton.OnCheckedChangeListener() {
    @Override
    public void onCheckedChanged(CompoundButton compoundButton, boolean b) {
        if(btn_on.isChecked()) {
            flag=true;
        }
        else{
            flag=false;
        }
    }
});
```

（1）环境参数显示部分

定义一个 ArrayList<Bar> 类 mBarLists，用于存储环境参数，下面的代码以温度参数为例，其他湿度、气压、PM2.5 等参数显示代码类似。在 DrawActivity 中相应位置调用 display() 函数，即可完成环境参数的显示。

```java
private void display(){
    //温度参数位于 mBarLists 下标为 0 的位置，从 mBarLists 中获取温度值并显示至相应位置
    tv_data1.setText(mBarLists.get(0).topText+"");
}
```

（2）柱状图部分

① 新建一个 MyView 类，完成构造函数，并重写 onDraw() 方法。在 MyView 类中定义以下变量：

```java
private Paint mPaint;                       // 画笔
private Rect mRect;
private int mWidth;                         //MyView 宽大小
private int mHeight;                        //Myview 高大小
private int mPaddingStart;                  //MyView 左边距
private int mPaddingEnd;                    //MyView 右边距
private int mPaddingTop;                    //MyView 上边距
private int mPaddingBottom;                 //MyView 下边距
// 画布大小数值
private int mLeft;
```

```
private int mTop;
private int mRight;
private int mBottom;
int fontHeight;                              // 字体高度
float Uh;                                    // 纵坐标每一单位长度的实际大小
private Context mContext;
private float[] YLabel=new float[5];
```

② 定义一个 Bar 类，包含数据项的 id、比例大小、颜色、底部文字和顶部文字。具体代码如下：

```
public class Bar {
  public int id;
  public float ratio;
  public int color;
  public String bootomText;
  public String topText;
  public Bar(int id, float ratio, int color, String bootomText, String topText) {
    this.id=id;
    this.ratio=ratio;
    this.color=color;
    this.bootomText=bootomText;
    this.topText=topText;
  }
}
```

③ 先对画笔、横坐标文字、纵坐标大小进行初始化，并设置柱状图每一个数据项的颜色。代码如下：

```
private void initData(){
  mPaint=new Paint(Paint.ANTI_ALIAS_FLAG);
  mPaint.setStyle(Paint.Style.FILL_AND_STROKE);
  mRect=new Rect();
  for(int n=0;n<mBarLists.size();n++){
    max=Integer.valueOf(mBarLists.get(0).topText);
     if(Integer.valueOf(mBarLists.get(n+1).topText)> Integer.valueOf(mBarLists.get(n).topText)){
        max=Integer.valueOf(mBarLists.get(n+1).topText);
     }
  }

  for(int i=0;i<YLabel.length;i++) {
    if (max>1000) {
      YLabel[i]=i*500 ;
    } else if (max>100) {
      YLabel[i]=i*250 ;
    } else {
      YLabel[i]=i*25 ;
    }
  }

  // default data
  mBarLists=new ArrayList<Bar>();
  Bar bar1=new Bar(1, 0f, Color.CYAN, "温度", "");
  Bar bar2=new Bar(2, 0f, Color.GREEN, "湿度", "");
```

```
    Bar bar3=new Bar(3, 0f, Color.BLUE, "光照", "");
    Bar bar4=new Bar(4, 0f, Color.RED, "气压", "");
    Bar bar5=new Bar(5, 0f, Color.LTGRAY, "co2", "");
    Bar bar6=new Bar(6, 0f, Color.GRAY, "pm2.5", "");
    Bar bar7=new Bar(7, 0f, Color.YELLOW, "燃气", "");
    mBarLists.add(bar1);
    mBarLists.add(bar2);
    mBarLists.add(bar3);
    mBarLists.add(bar4);
    mBarLists.add(bar5);
    mBarLists.add(bar6);
    mBarLists.add(bar7);
}
```

④ 定义 getSizeFromMeasureSpec(int measureSpec, int defaultSize) 函数，测量 View 大小并返回。代码如下：

```
public int getSizeFromMeasureSpec(int measureSpec, int defaultSize){
    int result=0;
    int mode=MeasureSpec.getMode(measureSpec);
    int size=MeasureSpec.getSize(measureSpec);
    if(mode==MeasureSpec.EXACTLY){
        result=size;
    } else {
        result=defaultSize;
        if(mode==MeasureSpec.AT_MOST){
            result=Math.min(defaultSize, size);
        }
    }
    return result;
}
```

⑤ 定义 sp2Px(Context context, float sp) 函数，设置字体大小并返回，代码如下：

```
public float sp2Px(Context context, float sp){
    DisplayMetrics metrics=new DisplayMetrics();
    WindowManager wm=(WindowManager) context.getSystemService(Context.WINDOW_SERVICE);
    Display display=wm.getDefaultDisplay();
    display.getMetrics(metrics);
    float px=metrics.scaledDensity;
    return sp * px;
}
```

⑥ 重写 onDraw() 方法，onDraw() 方法中，需要画出 x 轴 y 轴、坐标轴上的刻度和柱状图。

```
@Override
protected void onDraw(Canvas canvas) {
    mPaint.setTextSize(sp2Px(mContext, 11));
    mPaint.setTextAlign(Paint.Align.CENTER);
    mPaint.setColor(Color.WHITE);
    FontMetricsInt fontMetricsInt=mPaint.getFontMetricsInt();
    fontHeight=(int) Math.ceil(fontMetricsInt.bottom-fontMetricsInt.top);
    int N=mBarLists.size();
    int UNIT_WIDTH=(mRight-mLeft)/(2*N+1);
    Uh=(float)((mBottom-mTop)/YLabel.length);
```

```java
    int left=0;
    int top=0;
    int right=0;
    int bottom=0;
    for (int i=0; i<N; i++) {
       Bar bar=mBarLists.get(i);

        left=(int)(mLeft+(i*2+0.5f)*UNIT_WIDTH);
        right=left+UNIT_WIDTH * 2;
        top=mBottom-fontHeight;
        bottom=mBottom;
        mRect.set(left, top, right, bottom);
        int baseLine=(mRect.top+mRect.bottom-fontMetricsInt.top-fontMetricsInt.bottom)/2;
        //添加横坐标文字
        canvas.drawText(bar.bootomText, mRect.centerX(), baseLine, mPaint);

        left=mLeft+(i*2+1)*UNIT_WIDTH;
        right=left+UNIT_WIDTH;
        bottom=mBottom-fontHeight;
        top=bottom-(int)((mBottom-mTop-fontHeight)*bar.ratio);
    //绘制柱状图
        mRect.set(left, top, right, bottom);
        mPaint.setColor(bar.color);
        canvas.drawRect(mRect, mPaint);
        left=(int)(mLeft+(i*2+0.5f)*UNIT_WIDTH);
        right=left+UNIT_WIDTH*2;
        bottom=top;
        top=top-fontHeight;
        mRect.set(left, top, right, bottom);
        baseLine=(mRect.top+mRect.bottom-fontMetricsInt.top-fontMetricsInt.bottom)/2;
        //添加顶部文字
        mPaint.setColor(Color.WHITE);
        canvas.drawText(bar.topText, mRect.centerX(), baseLine, mPaint);
    }
    //画X轴
    mPaint.setColor(Color.WHITE);
    canvas.drawLine(mLeft, mBottom-fontHeight,mRight,mBottom-fontHeight, mPaint);

    //画Y轴
    canvas.drawLine(mLeft+20, mBottom, mLeft+20,mTop, mPaint);
    //画Y轴刻度线、刻度值
    for(int i=0; i<YLabel.length; i++) {
       canvas.drawLine(mLeft+20, mBottom-fontHeight-i*Uh, mLeft+24, mBottom-fontHeight-i*Uh, mPaint);
       canvas.drawText(((int)YLabel[i])+"", mLeft+10,mBottom-fontHeight-i* Uh, mPaint);
    }
    super.onDraw(canvas);
}
```

在MyView类中开启一个线程,在线程中检测flag标志位,将采集到的环境参数提取出来,存储至mBArLists中,Thread每5 s发送一个message至handler,更新柱状图。代码如下:

```java
private Handler handler=new Handler(){
  @Override
  public void handleMessage(Message msg){
    super.handleMessage(msg);
    switch (msg.what){
      case 1:
        break;
      default:
        break;
    }
    if (flag) {
      try{
        mBarLists.get(0).topText=Js.receive_data.get(Json_data.Temp) .toString();
        mBarLists.get(0).ratio=Float.valueOf(mBarLists.get(0).topText)/
((mBottom-mTop-fontHeight)*YLabel[1]/Uh);
      } catch (Exception e){
      // TODO Auto-generated catch block
        e.printStackTrace();
      }
      display();
      MyView.this.invalidate();   // 加载 MyView 类，进行重绘
    }
  }
};
public MyView(Context context, AttributeSet attrs, int defStyleAttr) {
  super(context, attrs, defStyleAttr);
  mContext=context;
  initData();
  new Thread(new Runnable(){
    @Override
    public void run(){
      do {
        try {
          Thread.sleep(5000);
          Message msg=new Message();
          msg.what=1;
          n++;
          handler.sendMessage(msg);
        } catch (InterruptedException e) {
          e.printStackTrace();
        }
      } while (true);
    }
  }).start();
}
```

在 DrawActivity 类中声明一个 LinearLayout 变量 linear，并对其实例化，绑定布局文件中柱状图部分的 LinearLayout。代码如下：

```java
Private LinearLayout linear;
linear=(LinearLayout) findViewById(R.id.linear);
```

修改 onCreate() 方法，声明一个 MyView 类对象 myview，调用 addView() 方法将 myview 添

加至 linear 中。代码如下：

```
MyView myview=new MyView(this);
linear.addView(myview);
```

完成代码编写后，运行程序，观察运行结果，如图 6-7（a）所示。单击选择界面的"绘图"可以跳转至绘图模块界面，绘图模块界面的图表显示由一个开关按键控制，当按键打开时显示 ON 状态，同时看到柱状图每 5 s 更新数据，环境参数显示部分也会相应更新，界面效果如图 6-7（b）所示。

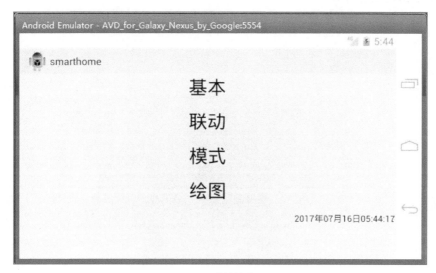

（a）选择界面

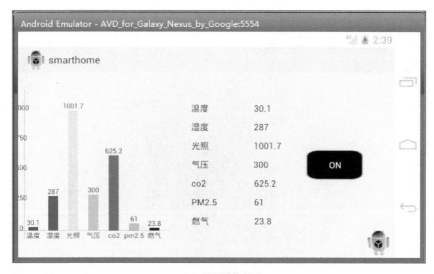

（b）绘图模块界面

图 6-7 搭建绘图模块后的效果

实训任务

① 将工程中绘制的柱状图换成折线图。

② 完成返回键功能，点击返回图标，跳转至登录界面。

项目小结

本项目在基于项目五的基础上，添加了一个绘图模块，以图表的形式将环境参数实时监测到的数据显示出来，使得环境参数清晰，便于观察各个参数的变化。本项目的难点在于 Android 的自定义 View 及绘图，读者需要掌握 Android 自定义 View 的原理，以及绘图方法，可以熟练地在 Android 端画出任意图形。

附录A 安卓类库说明

安卓类库中一共包含了如下 6 个类，分别是：Json_data 类、json_dispose 类、MyThread 类、SocketThread 类、SysApplication 类和 Updata_activity 类。下面将分别介绍每一个类的作用。

1. Json_data 类

这个类中定义了实训任务过程中会用到的各种字符串，如表 A-1 所示。

表A-1 实训任务中会用到的各种字符串

限定符和类型	方法和说明
static java.lang.String	AirPressure接收状态类型——气压
static java.lang.String	Buzz传感器类型——喇叭
static java.lang.String	BuzzState接收状态类型——喇叭状态
static java.lang.String	CO_2接收状态类型——CO_2
static java.lang.String	static java.lang.String Command控制类型
static java.lang.String	Control命令类型——控制
static java.lang.String	CurrentTime系统时间
static java.lang.String	Curtain传感器类型——窗帘
static java.lang.String	CurtainState接收状态类型——窗帘状态
static java.lang.String	Custom自定义——RFID块地址
static java.lang.String	Data数据
static java.lang.String	DCMotor传感器类型——直流电动机
static java.lang.String	DCMotorState接收状态类型——直流电动机
static java.lang.String	Digital传感器类型——数码管
static java.lang.String	DigtalState接收状态类型——数码管
static java.lang.String	Failure接收状态——失败
static java.lang.String	Fan传感器类型——风扇
static java.lang.String	FanState接收状态类型——风扇状态
static java.lang.String	Gas接收状态类型——燃气

续表

限定符和类型	方法和说明
static java.lang.String	GetData命令类型——取数据
static java.lang.String	Humidity接收状态类型——湿度
static java.lang.String	Illumination接收状态类型——光照度
static java.lang.String	InfraredLaunch红外发射
static java.lang.String	Lamp传感器类型——射灯
static java.lang.String	LampState接收状态类型——射灯
static java.lang.String	Led1传感器类型——LED1
static java.lang.String	Led2传感器类型——LED2
static java.lang.String	Led3传感器类型——LED3
static java.lang.String	Led4传感器类型——LED4
static java.lang.String	LedState接收状态类型——LED状态
static java.lang.String	Password密码
static java.lang.String	PM2.5接收状态类型——PM2.5
static java.lang.String	Relay1传感器类型——继电器1
static java.lang.String	Relay2传感器类型——继电器2
static java.lang.String	Relay3传感器类型——继电器3
static java.lang.String	Relay4传感器类型——继电器4
static java.lang.String	Relay4State接收状态类型——4路继电器状态
static java.lang.String	RelaySingle传感器类型——单路继电器
static java.lang.String	RFID_Auto_Read_Tag传感器类型——写标签号
static java.lang.String	RFID_Read_Data传感器类型——读标签数据
static java.lang.String	RFID_Read_Tag传感器类型——读标签号
static java.lang.String	RFID_Write_Data传感器类型——写标签数据
static java.lang.String	RFIDData接收状态类型——标签数据
static java.lang.String	RFIDTag接收状态类型——标签卡号
static java.lang.String	SenSorType传感器类型
static java.lang.String	Smoke接收状态类型——烟雾
static java.lang.String	state返回状态
static java.lang.String	StateHelpButton接收状态类型——帮助按钮
static java.lang.String	StateHumanInfrared接收状态类型——人体红外
static java.lang.String	StepMotor传感器类型——步进电动机
static java.lang.String	Success接收状态——成功
static java.lang.String	Temp接收状态类型——温度
static java.lang.String	Type命令类型
static java.lang.String	UserName用户名
static java.lang.String	WarningLight传感器类型——报警灯
static java.lang.String	WarningLightState接收状态类型——报警状态

2. json_dispose 类

这个类的主要功能是 Json 数据包的解析与打包，其提供的主要函数或方法如表 A-2 所示。

表A-2　json_dispose类提供的主要函数或方法

函数或方法	功　　能	参　数　含　义
receive()	接收Json包并解析	
control(java.lang.String SenSorType, int Custom, int Command)	打包控制命令Json包	SenSorType 传感器类型 Custom 块地址 Command 控制命令

这个类中包含的主要对象如表 A-3 所示。

表A-3　json_dispose其中包含的主要对象

限定符和类型	方法和说明
static JSONObject	receive_data用于存放从网络接收过来的Json包的对象
static JSONObject	send_control用于存放待发送控制命令Json包的对象
static JSONObject	send_receive用于存放解析完成后的Json包的对象

3. MyThread 类

这个类是一个网络线程类，其功能是每过 5 s 判断一次网络是否联通。该类提供了一个 run() 函数来启动线程，让线程能够自动运行。

4. SocketThread 类

这是整个库文件中最重要的一个类，其主要功能是建立网络连接、接收网络数据流、解析数据、转发数据，以及为别的线程提供传输数据的接口，具体各项参数如表 A-4 所示。

表A-4　SocketThread类的参数

函数或字段	功能或说明
databuff	传输数据缓存
DataWrite	待发送数据
mHandler	线程和主线程的通信
mHandlerSocketState	网络状态传递
Port	目的服务器的端口号
out	数据发送
socket	网络连接实例
Socket_flag	网络状态标志
SocketIp	目的服务器的IP

5. SysApplication 类

这个类的作用是用来结束所有后台的 Activity，用户如果需要实现一键关闭所有 Activity，就可以通过这个类来实现，具体涉及的函数或方法如表 A-5 所示。

表A-5　SysApplication类实现的函数或方法

函数或方法	功　　能	参　数　含　义
addActivity(Activity activity)	添加Activity实例	activity 活动
getInstance()	系统服务类中的函数，获取到所有实例	
exit()	关闭已添加的Activity实例	

6. Updata_activity 类

这个类其实提供了一个每 2 s 运行一次的线程，它是为了让主界面保持数据更新而存在的，因为有的时候，用户与界面之间的交互、线程之间数据的传递等操作都可能会导致卡顿的现象，一旦卡顿，就很可能造成数据更新的停滞。所以在类库中，特地提供了一个每 2 s 自动运行一次的线程，用户只要开启这个线程，就能保持数据每 2 s 一次的更新节奏，也就不存在停滞的问题。在具体使用时，只要使用 run() 函数开启这个线程，并且把数据更新的功能代码写在这个类提供的 updatahandler（线程处理方法）中，就能保持数据的更新。

附录B Android Manifest权限

权　　限	说　　明
访问登记属性	android.permission.ACCESS_CHECKIN_PROPERTIES，读取或写入登记check-in数据库属性表的权限
获取错略位置	android.permission.ACCESS_COARSE_LOCATION，通过Wi-Fi或移动基站的方式获取用户错略的经纬度信息，定位精度大概误差在30~1 500 m
获取精确位置	android.permission.ACCESS_FINE_LOCATION，通过GPS芯片接收卫星的定位信息，定位精度达10 m以内
访问定位额外命令	android.permission.ACCESS_LOCATION_EXTRA_COMMANDS，允许程序访问额外的定位提供者指令
获取模拟定位信息	android.permission.ACCESS_MOCK_LOCATION，获取模拟定位信息，一般用于帮助开发者调试应用
获取网络状态	android.permission.ACCESS_NETWORK_STATE，获取网络信息状态，如当前的网络连接是否有效
访问Surface Flinger	android.permission.ACCESS_SURFACE_FLINGER，Android平台上底层的图形显示支持，一般用于游戏或照相机预览界面和底层模式的屏幕截图
获取Wi-Fi状态	android.permission.ACCESS_WIFI_STATE，获取当前Wi-Fi接入的状态以及WLAN热点的信息
账户管理	android.permission.ACCOUNT_MANAGER，获取账户验证信息，主要为GMail账户信息，只有系统级进程才能访问的权限
验证账户	android.permission.AUTHENTICATE_ACCOUNTS，允许一个程序通过账户验证方式访问账户管理ACCOUNT_MANAGER相关信息
电量统计	android.permission.BATTERY_STATS，获取电池电量统计信息
绑定小插件	android.permission.BIND_APPWIDGET，允许一个程序告诉appWidget服务需要访问小插件的数据库，只有非常少的应用才用到此权限
绑定设备管理	android.permission.BIND_DEVICE_ADMIN，请求系统管理员接收者receiver，只有系统才能使用

续表

权限	说明
绑定输入法	android.permission.BIND_INPUT_METHOD，请求 InputMethodService 服务，只有系统才能使用
绑定RemoteView	android.permission.BIND_REMOTEVIEWS，必须通过 RemoteViewsService 服务来请求，只有系统才能用
绑定壁纸	android.permission.BIND_WALLPAPER，必须通过 WallpaperService 服务来请求，只有系统才能用
使用蓝牙	android.permission.BLUETOOTH，允许程序连接配对过的蓝牙设备
蓝牙管理	android.permission.BLUETOOTH_ADMIN，允许程序进行发现和配对新的蓝牙设备
变成砖头	android.permission.BRICK，能够禁用手机，非常危险，顾名思义就是让手机变成砖头
应用删除时广播	android.permission.BROADCAST_PACKAGE_REMOVED，当一个应用在删除时触发一个广播
收到短信时广播	android.permission.BROADCAST_SMS，当收到短信时触发一个广播
连续广播	android.permission.BROADCAST_STICKY，允许一个程序收到广播后快速收到下一个广播
WAP PUSH广播	android.permission.BROADCAST_WAP_PUSH，WAP PUSH 服务收到后触发一个广播
拨打电话	android.permission.CALL_PHONE，允许程序从非系统拨号器里输入电话号码
通话权限	android.permission.CALL_PRIVILEGED，允许程序拨打电话，替换系统的拨号器界面
拍照权限	android.permission.CAMERA，允许访问摄像头进行拍照
改变组件状态	android.permission.CHANGE_COMPONENT_ENABLED_STATE，改变组件是否启用状态
改变配置	android.permission.CHANGE_CONFIGURATION，允许当前应用改变配置，如定位
改变网络状态	android.permission.CHANGE_NETWORK_STATE，改变网络状态如是否能联网
改变WiFi多播状态	android.permission.CHANGE_WIFI_MULTICAST_STATE，改变 Wi-Fi 多播状态
改变WiFi状态	android.permission.CHANGE_WIFI_STATE，改变 Wi-Fi 状态
清除应用缓存	android.permission.CLEAR_APP_CACHE，清除应用缓存
清除用户数据	android.permission.CLEAR_APP_USER_DATA，清除应用的用户数据
底层访问权限	android.permission.CWJ_GROUP，允许 CWJ 账户组访问底层信息
手机优化大师扩展权限	android.permission.CELL_PHONE_MASTER_EX，手机优化大师扩展权限
控制定位更新	android.permission.CONTROL_LOCATION_UPDATES，允许获得移动网络定位信息改变
删除缓存文件	android.permission.DELETE_CACHE_FILES，允许应用删除缓存文件
删除应用	android.permission.DELETE_PACKAGES，允许程序删除应用
电源管理	android.permission.DEVICE_POWER，允许访问底层电源管理
应用诊断	android.permission.DIAGNOSTIC，允许程序到 RW 到诊断资源
禁用键盘锁	android.permission.DISABLE_KEYGUARD，允许程序禁用键盘锁
转存系统信息	android.permission.DUMP，允许程序获取系统 dump 信息从系统服务
状态栏控制	android.permission.EXPAND_STATUS_BAR，允许程序扩展或收缩状态栏
工厂测试模式	android.permission.FACTORY_TEST，允许程序运行工厂测试模式
使用闪光灯	android.permission.FLASHLIGHT，允许访问闪光灯
强制后退	android.permission.FORCE_BACK，允许程序强制使用 back 后退按键，无论 Activity 是否在顶层

附录 B　Android Manifest 权限

续表

权　　限	说　　明
访问账户Gmail列表	android.permission.GET_ACCOUNTS，访问 GMail 账户列表
获取应用大小	android.permission.GET_PACKAGE_SIZE，获取应用的文件大小
获取任务信息	android.permission.GET_TASKS，允许程序获取当前或最近运行的应用
显示系统窗口	android.permission.SYSTEM_ALERT_WINDOW，显示系统窗口
更新设备状态	android.permission.UPDATE_DEVICE_STATS，更新设备状态
使用证书	android.permission.USE_CREDENTIALS，允许程序请求验证从 AccountManager
使用SIP视频	android.permission.USE_SIP，允许程序使用 SIP 视频服务
使用振动	android.permission.VIBRATE，允许振动
唤醒锁定	android.permission.WAKE_LOCK，允许程序在手机屏幕关闭后后台进程仍然运行
写入GPRS接入点设置	android.permission.WRITE_APN_SETTINGS，写入网络 GPRS 接入点设置
管理程序引用	android.permission.MANAGE_APP_TOKENS，管理创建、摧毁、z 轴顺序，仅用于系统
高级权限	android.permission.MTWEAK_USER，允许 mTweak 用户访问高级系统权限
社区权限	android.permission.MTWEAK_FORUM，允许使用 mTweak 社区权限
软格式化	android.permission.MASTER_CLEAR，允许程序执行软格式化，删除系统配置信息
修改声音设置	android.permission.MODIFY_AUDIO_SETTINGS，修改声音设置信息
修改电话状态	android.permission.MODIFY_PHONE_STATE，修改电话状态，如飞行模式，但不包含替换系统拨号器界面
格式化文件系统	android.permission.MOUNT_FORMAT_FILESYSTEMS，格式化可移动文件系统，比如格式化清空 SD 卡
挂载文件系统	android.permission.MOUNT_UNMOUNT_FILESYSTEMS，挂载、反挂载外部文件系统
允许NFC通信	android.permission.NFC，允许程序执行 NFC 近距离通讯操作，用于移动支持
永久Activity	android.permission.PERSISTENT_ACTIVITY，创建一个永久的 Activity，该功能标记为将来将被移除
处理拨出电话	android.permission.PROCESS_OUTGOING_CALLS，允许程序监视，修改或放弃拨出电话
读取日程提醒	android.permission.READ_CALENDAR，允许程序读取用户的日程信息
读取联系人	android.permission.READ_CONTACTS，允许应用访问联系人通讯录信息
屏幕截图	android.permission.READ_FRAME_BUFFER，读取帧缓存用于屏幕截图
读取收藏夹和历史记录	com.android.browser.permission.READ_HISTORY_BOOKMARKS，读取浏览器收藏夹和历史记录
读取输入状态	android.permission.READ_INPUT_STATE，读取当前键的输入状态，仅用于系统
读取系统日志	android.permission.READ_LOGS，读取系统底层日志
读取电话状态	android.permission.READ_PHONE_STATE，访问电话状态
读取短信内容	android.permission.READ_SMS，读取短信内容
读取同步设置	android.permission.READ_SYNC_SETTINGS，读取同步设置，读取 Google 在线同步设置
读取同步状态	android.permission.READ_SYNC_STATS，读取同步状态，获得 Google 在线同步状态
重启设备	android.permission.REBOOT，允许程序重新启动设备
开机自动允许	android.permission.RECEIVE_BOOT_COMPLETED，允许程序开机自动运行
接收彩信	android.permission.RECEIVE_MMS，接收彩信

续表

权限	说明
接收短信	android.permission.RECEIVE_SMS，接收短信
录音	android.permission.RECORD_AUDIO，录制声音通过手机或耳机的麦克风
排序系统任务	android.permission.REORDER_TASKS，重新排序系统z轴运行中的任务
结束系统任务	android.permission.RESTART_PACKAGES，结束任务通过restartPackage(String)方法，该方式将在外来放弃
发送短信	android.permission.SEND_SMS，发送短信
设置Activity观察其	android.permission.SET_ACTIVITY_WATCHER，设置Activity观察器一般用于monkey测试
设置闹铃提醒	com.android.alarm.permission.SET_ALARM，设置闹铃提醒
设置总是退出	android.permission.SET_ALWAYS_FINISH，设置程序在后台是否总是退出
设置动画缩放	android.permission.SET_ANIMATION_SCALE，设置全局动画缩放
安装定位提供	android.permission.INSTALL_LOCATION_PROVIDER，安装定位提供
安装应用程序	android.permission.INSTALL_PACKAGES，允许程序安装应用
内部系统窗口	android.permission.INTERNAL_SYSTEM_WINDOW，允许程序打开内部窗口，不对第三方应用程序开放此权限
访问网络	android.permission.INTERNET，访问网络连接，可能产生GPRS流量
结束后台进程	android.permission.KILL_BACKGROUND_PROCESSES，允许程序调用killBackgroundProcesses(String).方法结束后台进程
管理账户	android.permission.MANAGE_ACCOUNTS，允许程序管理AccountManager中的账户列表
设置调试程序	android.permission.SET_DEBUG_APP，设置调试程序，一般用于开发
设置屏幕方向	android.permission.SET_ORIENTATION，设置屏幕方向为横屏或标准方式显示，不用于普通应用
设置应用参数	android.permission.SET_PREFERRED_APPLICATIONS，设置应用的参数，已不再工作具体查看addPackageToPreferred(String)介绍
设置进程限制	android.permission.SET_PROCESS_LIMIT，允许程序设置最大的进程数量的限制
设置系统时间	android.permission.SET_TIME，设置系统时间
设置系统时区	android.permission.SET_TIME_ZONE，设置系统时区
设置桌面壁纸	android.permission.SET_WALLPAPER，设置桌面壁纸
设置壁纸建议	android.permission.SET_WALLPAPER_HINTS，设置壁纸建议
发送永久进程信号	android.permission.SIGNAL_PERSISTENT_PROCESSES，发送一个永久的进程信号
状态栏控制	android.permission.STATUS_BAR，允许程序打开、关闭、禁用状态栏
访问订阅内容	android.permission.SUBSCRIBED_FEEDS_READ，访问订阅信息的数据库
写入订阅内容	android.permission.SUBSCRIBED_FEEDS_WRITE，写入或修改订阅内容的数据库
注射事件	android.permission.INJECT_EVENTS，允许访问本程序的底层事件，获取按键、轨迹球的事件流
硬件测试	android.permission.HARDWARE_TEST，访问硬件辅助设备，用于硬件测试
允许全局搜索	android.permission.GLOBAL_SEARCH，允许程序使用全局搜索功能
写入日程提醒	android.permission.WRITE_CALENDAR，写入日程，但不可读取
写入联系人	android.permission.WRITE_CONTACTS，写入联系人，但不可读取

> 附录 B Android Manifest 权限

续表

权 限	说 明
写入外部存储	android.permission.WRITE_EXTERNAL_STORAGE，允许程序写入外部存储，如 SD 卡上写文件
写入 Google 地图数据	android.permission.WRITE_GSERVICES，允许程序写入 Google Map 服务数据
写入收藏夹和历史记录	com.android.browser.permission.WRITE_HISTORY_BOOKMARKS，写入浏览器历史记录或收藏夹，但不可读取
读写系统敏感设置	android.permission.WRITE_SECURE_SETTINGS，允许程序读写系统安全敏感的设置项
读写系统设置	android.permission.WRITE_SETTINGS，允许读写系统设置项
编写短信	android.permission.WRITE_SMS，允许编写短信
写入在线同步设置	android.permission.WRITE_SYNC_SETTINGS，写入 Google 在线同步设置

附录C
eclipse常用快捷键

- Ctrl+1：快速修复。
- Ctrl+D：删除当前行。
- Ctrl+Alt+↓：复制当前行到下一行。
- Ctrl+Alt+↑：复制当前行到上一行。
- Alt+↓：当前行和下面一行交互位置。
- Alt+↑：当前行和上面一行交互位置。
- Alt+←：前一个编辑的页面。
- Alt+→：下一个编辑的页面。
- Alt+Enter：显示当前选择资源的属性。
- Shift+Enter：在当前行的下一行插入空行。
- Shift+Ctrl+Enter：在当前行插入空行。
- Ctrl+Q：定位到最后编辑的地方。
- Ctrl+L：定位在某行。
- Ctrl+M：最大化当前的 Edit 或 View。
- Ctrl+/：注释当前行，再按则取消注释。
- Ctrl+O：快速显示 OutLine。
- Ctrl+T：快速显示当前类的继承结构。
- Ctrl+W：关闭当前 Editer。
- Ctrl+K：参照选中的 Word 快速定位到下一个。
- Ctrl+E：快速显示当前 Editer 的下拉列表。
- Ctrl+/(小键盘)：折叠当前类中的所有代码。
- Ctrl+×(小键盘)：展开当前类中的所有代码。
- Ctrl+Space：代码助手完成一些代码的插入。

附录 C　eclipse 常用快捷键

- Ctrl+Shift+E：显示管理当前打开的所有的 View 的管理器。
- Ctrl+J：正向增量查找。
- Ctrl+Shift+J：反向增量查找（和上条相同，只不过是从后往前查）。
- Ctrl+Shift+F4：关闭所有打开的 Editer。
- Ctrl+Shift+X：把当前选中的文本全部变味小写。
- Ctrl+Shift+Y：把当前选中的文本全部变为小写。
- Ctrl+Shift+F：格式化当前代码。
- Ctrl+Shift+P：定位到对应的匹配符（譬如 {}）。
- Alt+Shift+R：重命名。
- Alt+Shift+M：抽取方法。
- Alt+Shift+C：修改函数结构。
- Alt+Shift+L：抽取本地变量。
- Alt+Shift+F：把 Class 中的 local 变量变为 field 变量（比较实用的功能）。
- Alt+Shift+I：合并变量。
- Alt+Shift+V：移动函数和变量（不常用）。
- Alt+Shift+Z：重构的撤销（Undo）。
- Ctrl+F：全局查找并替换。
- Ctrl+Shift+K：文本编辑器 查找上一个。
- Ctrl+K：文本编辑器 查找下一个。
- Ctrl+Z：全局 撤销。
- Ctrl+C：全局 复制。
- Alt+Shift+↓：全局 恢复上一个选择。
- Ctrl1+1：全局 快速修正。
- Alt+/：全局 内容辅助。
- Ctrl+A：全局 全部选中。
- Delete：全局 删除。
- F2：Java 编辑器显示工具提示描述。
- Alt+Shift+↑：Java 编辑器选择封装元素。
- Alt+Shift+←：Java 编辑器选择上一个元素。
- Alt+Shift+→：Java 编辑器选择下一个元素。
- Ctrl+J：文本编辑器增量查找。
- Ctrl+Shift+J：文本编辑器增量逆向查找。
- Ctrl+V：全局 粘贴。
- Ctrl+Y：全局重做。
- Ctrl+=：全局 放大。
- Ctrl+-：全局 缩小。
- F12：全局 激活编辑器。

- Ctrl+Shift+W：全局 切换编辑器。
- Ctrl+Shift+F6：全局 上一个编辑器。
- Ctrl+Shift+F7：全局 上一个视图。
- Ctrl+Shift+F8：全局 上一个透视图。
- Ctrl+F6：全局 下一个编辑器。
- Ctrl+F7：全局 下一个视图。
- Ctrl+F8：全局 下一个透视图。
- Ctrl+W：文本编辑器 显示标尺上下文菜单。
- Ctrl+F10：全局 显示视图菜单。
- Alt+-：全局 显示系统菜单。
- Ctrl+F3：Java 编辑器 打开结构。
- Ctrl+Shift+T：全局 打开类型。
- F4：全局 打开类型层次结构。
- F3：全局 打开声明。
- Shift+F2：全局 打开外部 javadoc。
- Ctrl+Shift+R：全局 打开资源。
- Alt+←：全局 后退历史记录。
- Alt+→：全局 前进历史记录。
- Ctrl+,：全局 上一个。
- Ctrl+.：全局 下一个。
- Ctrl+O：Java 编辑器 显示大纲。
- Ctrl+Shift+H：全局 在层次结构中打开类型。
- Ctrl+Shift+P：全局 转至匹配的括号。
- Ctrl+Q：全局 转至上一个编辑位置。
- Ctrl+Shift+↑：Java 编辑器 转至上一个成员。
- Ctrl+Shift+↓：Java 编辑器 转至下一个成员。
- Ctrl+L：文本编辑器 转至行。
- Ctrl+Shift+U：全局 出现在文件中。
- Ctrl+H：全局 打开搜索对话框。
- Ctrl+G：全局 工作区中的声明。
- Ctrl+Shift+G：全局 工作区中的引用。
- Insert：文本编辑器 改写切换。
- Ctrl+↑：文本编辑器 上滚行。
- Ctrl+↓：文本编辑器 下滚行。
- Ctrl+P：全局 打印。
- Ctrl+F4：全局 关闭。
- Ctrl+Shift+S：全局 全部保存。

- Ctrl+Shift+F4：全局 全部关闭。
- Alt+Enter：全局 属性。
- Ctrl+N：全局 新建。
- Ctrl+B：全局 全部构建。
- Ctrl+Shift+F：Java 编辑器 格式化。
- Ctrl+\：Java 编辑器 取消注释。
- Ctrl+/：Java 编辑器 注释。
- Ctrl+Shift+M：Java 编辑器 添加导入。
- Ctrl+Shift+O：Java 编辑器 组织导入。
- F7：全局 单步返回。
- F6：全局 单步跳过。
- F5：全局 单步跳入。
- Ctrl+F5：全局 单步跳入选择。
- F11：全局 调试上次启动。
- F8：全局 继续。
- Shift+F5：全局 使用过滤器单步执行。
- Ctrl+Shift+B：全局 添加/去除断点。
- Ctrl+D：全局 显示。
- Ctrl+F11：全局 运行上次启动。
- Ctrl+R：全局 运行至行。
- Ctrl+U：全局 执行。
- Alt+Shift+Z：全局 撤销重构。
- Alt+Shift+M：全局 抽取方法。
- Alt+Shift+L：全局 抽取局部变量。
- Alt+Shift+I：全局 内联。
- Alt+Shift+V：全局 移动。
- Alt+Shift+R：全局 重命名。
- Alt+Shift+Y：全局 重做。

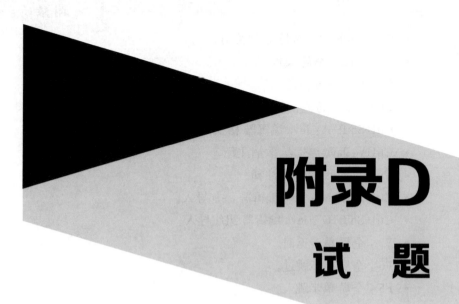

附录D

试 题

试题一

此部分要求完成设备连接、上机位 UI 设计、实现界面逻辑流程与软件逻辑流程。

1. 设备连接

将服务器和嵌入式移动教学套件正确连接。

2. 上位机开发界面设计

参赛者使用安卓开发完成智能家居管理手机软件的开发,软件界面参照图 D-1 截图。

图D-1 加载界面

保存方法:将整个安卓工程保存到"桌面\安卓工程×××"文件夹中,其中(×××为工位号,下同)。

3. 功能模块实现要求

① 如图 D-1 所示,实现进度条由浅黄到深黄色的渐变样式,文字同进度条变化。进度条自动从 0 加载到 100,进度条每次加一,并且在进度条值为 10,20,…,100 时用一个 TextView 显示

文字信息，并将字体设为红色（进度条读取速度要适中）。显示内容如下：
- 10　　正在加载串口配置 ....
- 20　　串口配置加载完成 ....
- 30　　正在加载界面配置 ....
- 50　　界面配置加载完成 ....
- 60　　正在初始化界面 ....
- 80　　界面初始化完成 ....
- 100　　进入系统中 ....

当进度条为 100 时自动进入"登录"界面，如图 D-2 所示。"登录"界面要求记住并显示上次的用户及相关信息——端口号、IP、密码。

图 D-2　登录界面

② "登录界面"中右下角变为显示系统日期和时间并每秒实时更新（之后每个界面也拥有该功能）。界面中上部的 TextView 切换文本为"加载完毕，请登录…"，并且持续闪烁，频率为 1 Hz。界面正中部位为 4 个 TextView 和 4 个 EditText，其中"IP 地址"和"端口号"应填服务器的 IP 地址和端口号，用户名为 bizideal×××，密码为 123456。当单击"登录"按钮时，用户名和密码正确与否用 Toast 提示，是否成功连接服务器也用 Toast 提示，如果四项信息都正确则进入"选择界面"，如图 D-3 所示。输入账号或密码有误时，密码显示为"*"；若账号、密码输入错误则弹出一个提示框，如图 D-4 所示。

③ 当登录成功后进入"选择界面"，如图 D-4。"选择界面"正中位置含 4 个 TextView，初始时，"基本"左侧有一个安卓机器人图片，如果此时点击其他文本，那么图片会出现在相应的 TextView（同一时刻有且有一个 TextView 左侧有图片），当单击已有图片的 TextView 后，会进入对应界面，也可以滑动切换界面或者通过单击动作条上的选项进行切换。

图D-3 选择界面

图D-4 用户或者密码错误时弹出的提示框

④ 进入基本界面（见图D-5）后，Toast显示网络连接是否成功。正确完成网络连接后，实现数据采集及实时显示，收到的数据至少每5 s实时更新显示到这些TextView上。

图D-5 基本界面

⑤ 完成点击LED射灯1按钮发送相应的命令控制样板间的设备。
⑥ 完成点击LED射灯2按钮发送相应的命令控制样板间的设备。
⑦ 完成点击电动窗帘按钮发送相应的命令控制样板间的设备。
⑧ 完成点击换气扇按钮发送相应的命令控制样板间的设备。

⑨ 完成点击报警灯按钮发送相应的命令控制样板间的设备。
⑩ 完成点击门禁系统按钮发送相应的命令控制样板间的设备。
⑪ 红外控制功能，输入正确红外信号时，实现控制样板间的红外控制。
⑫ 联动界面如图 D-6 所示。当切换到"联动界面"时，保持对温度、湿度、光照数据的采集。选择所需联动成员（选项依次为温度、湿度、光照），选择比较条件，可选择 > 或者 <=，输入阈值并输入生效时间（单位：分），单击"开启联动"按钮后，选择界面的 Switch 按钮控制相应的样板间设备，"开启联动"按钮转换为"停止联动"。当单击"停止联动"按钮后，则控制设备恢复到初始状态，同步刷新界面，按钮状态为"开启联动"。如果生效时间已过，则控制设备恢复到关闭的状态，同步刷新界面。

图D-6 联动界面

⑬ 当滑动到模式界面时如图 D-7 所示，共有 4 种模式可选，当某单选按钮被选中且开关按钮为 ON 时，该单选按钮对应的模式启动。

图D-7 模式界面

- 白天模式下,射灯全关,窗帘开,如果 PM2.5 大于 75 μg/m³ 则换气扇开;
- 夜晚模式下,窗帘关,如果 CO_2 浓度大于 200 ppm 时则换气扇开,如果小于 150 ppm 时则射灯全亮。
- 歌舞模式下,空调开,两射灯 2 s 进行一次全开和全关的交替闪烁。
- 防盗模式下,如果人体红外感应处有人,则报警灯开,射灯全开。

⑭ 绘图界面如图 D-8 所示,如果已选某个单选按钮且开关按钮为 ON,那么接下来单选按钮所选(比如光照)的每一个接收到的数据都会按"数据编号"和"数据"作为一个记录写入数据库(如果是第一次则先创建数据库到移动设备的 data\< 程序包名 >\databases 文件夹内),同时绘制出折线图,更新 ListView 表格(当数据多于 7 个时,只显示最新的 7 个,数据按照编号降序显示);如果将开关按钮置为 OFF,那么接下来接收到的数据暂停写入到数据库,折线图和表格内容保持不变。当采集到的环境值超过 100 时,纵坐标刻度的最大值变为合适的刻度(1000 或 2000)。

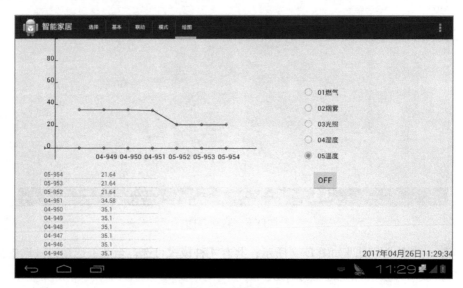

图D-8 绘图界面

试题二

此部分要求完成设备连接、上机位 UI 设计、实现界面逻辑流程与软件逻辑流程。

1. 设备连接

将服务器和嵌入式移动教学套件正确连接。

2. 上位机开发界面设计

参赛者使用安卓开发完成智能家居管理手机软件的开发,软件界面参照图 D-9。

保存方法:将整个安卓工程保存到"桌面\安卓工程×××"文件夹中(×××为工位号,下同)。

图D-9 加载界面

3. 功能模块实现要求

① 进入系统后,首先进入的是"加载界面",如图 D-9 所示,界面顶部为 1 个文本为"老师们,同学们,2017 年智能家居安装与维护技能大赛即将开始,接下来请进入智能世界!"的 TextView,持续处于跑马灯的效果。界面中上部为 1 个文本为"正在加载,请稍后…"的 TextView。其文本后的"."为 1 个,1 s 后变 2 个,再 1 s 后变 3 个,后 1 s 恢复为 1 个……如此反复。同时在大约 9 s 内文本后面的百分比从"0%"逐渐变为"99%",随后进入登录界面,如图 D-10 所示。登录界面的端口号、IP、账号、密码要求有正确的默认值(默认值为上次注册的用户相关信息,从数据库读取)。

② 如图 D-10 所示,在界面中添加文本框用于输入用户名及登录密码,要求输入密码时,密码显示为"*";单击"登录"按钮进入基本界面,单击"退出"按钮则关闭界面;若账号、密码输入错误则弹出一个提示框,如图 D-11 所示。单击"显示数据库"按钮时显示数据库到 ListView,单击"更新数据库"按钮时进行数据库数据更新并显示,单击"清空数据库"按钮时进行数据库数据清空。

图D-10 登录界面

③ 单击"注册"按钮时进入注册界面，如图 D-12 所示。在注册界面中，单击"关闭"按钮退出该界面。按照要求输入正确的账号，密码及确认密码，则弹出"用户注册成功"提示框，如图 D-13 所示，同时将账号、密码加入数据库中。当密码及确认密码不一致时弹框显示"验证密码不一致"，如图 D-14 所示；当注册成功后，再注册相同账号时弹出"用户已经存在"提示框，如图 D-15 所示。

图D-11　用户或者密码错误时弹出的提示框

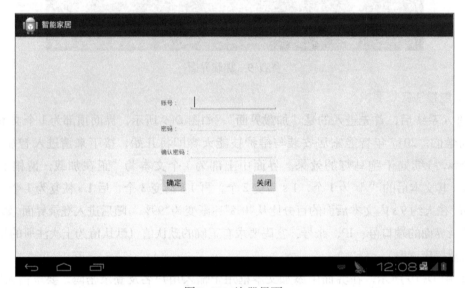

图D-12　注册界面

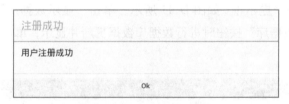

图D-13　注册成功弹框

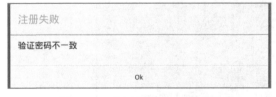

图D-14　验证密码不一致弹框

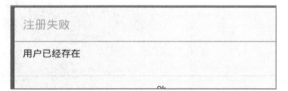

图D-15　用户已经存在弹框

④ 单击"修改密码"按钮时进入"修改密码"界面，如图 D-16 所示。单击"取消"按钮隐藏。正确输入账号、旧密码及新密码，提示框显示修改成功，如图 D-17 所示，同时更新数据库。当旧密码输入错误时提示框显示修改失败，如图 D-18 所示。

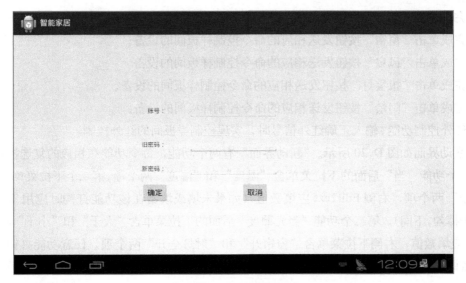

图D-16 修改密码界面

图D-17 密码修改成功弹框

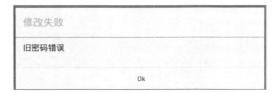

图D-18 旧密码错误弹框

⑤ 当登录成功以后进入"基本界面",如图 D-19 所示。Toast 显示网络连接是否成功。正确完成网络连接后,实现数据采集及实时显示,收到的数据至少每 5 s 实时更新显示到这些 TextView 上。该界面需实现滑动切换效果。滑动切换时同步刷新底部导航与上部动作条,并且通过点击它们也可以实现界面切换。

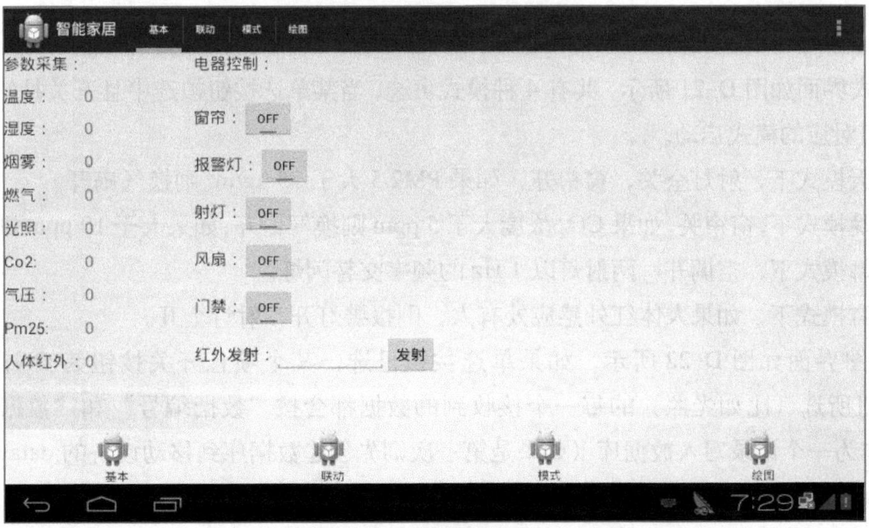

图D-19 基本界面

- 完成单击"射灯"按钮发送相应的命令控制样板间的设备。
- 完成单击"窗帘"按钮发送相应的命令控制样板间的设备。
- 完成单击"风扇"按钮发送相应的命令控制样板间的设备。
- 完成单击"报警灯"按钮发送相应的命令控制样板间的设备。
- 完成单击"门禁"按钮发送相应的命令控制样板间的设备。
- 红外控制功能,输入正确红外信号时,实现控制样板间的红外控制。

⑥ 联动界面如图 D-20 所示。"联动界面"有两个功能,每个功能在相应的复选框打钩时生效。第一个功能"当"后面的下拉菜单含"温度"和"湿度"两个项,第二个下拉菜单含"大于"和"小于"两个项,右侧 EditText 应填数值(如果未填或填错在该功能打钩时应用 Tosat 提示,并强制去掉勾,下同)。第二个功能"当光照度"后面的下拉菜单含"大于"和"小于"两个项时,EditText 应填数值,右侧下拉菜单含"窗帘开"和"射灯全开"两个项。任意功能打钩且条件满足时设备做相应的动作,并且需将"基本界面"中的控件做相应的状态改变以保持一致。

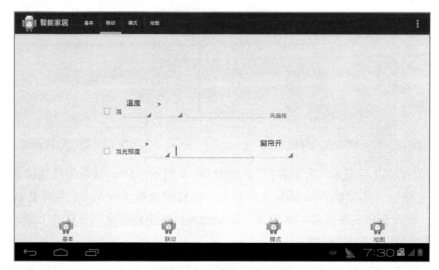

图 D-20　联动界面

⑦ 模式界面如图 D-21 所示,共有 4 种模式可选,当某单选按钮被选中且开关按钮为 ON 时,该单选按钮对应的模式启动。

- 白天模式下,射灯全关,窗帘开,如果 PM2.5 大于 75 μg/m^3 则换气扇开。
- 夜晚模式下,窗帘关,如果 CO_2 浓度大于 5 ppm 则换气扇开,如果大于 10 ppm 则射灯全亮。
- 歌舞模式下,空调开,两射灯以 1 Hz 的频率交替闪烁。
- 防盗模式下,如果人体红外感应处有人,则报警灯开,射灯全开。

⑧ 绘图界面如图 D-22 所示,如果单选按钮已选,某个项且开关按钮为 ON,那么接下来单选按钮所选(比如光照)的每一个接收到的数据都会按"数据编号"和"数据"(格式见图 D-2)作为一个记录写入数据库(如果是第一次则先创建数据库到移动设备的 data\< 程序包名 >\databases 文件夹内),同时绘制出数据折线图,更新 ListView 表格(当数据多于 7 个时,只显示最新的 7 个,数据按照编号降序显示);如果将开关按钮置为 OFF,那么接下来接收到的数据暂停写入到数据库,折线图和表格内容保持不变。当采集到的环境值超过 100 时,纵坐标刻度

的最大值变为合适的刻度（1000 或 2000）。

图D-21　模式界面

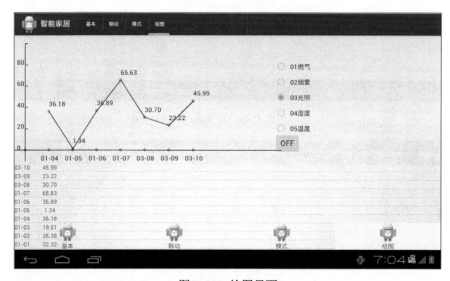

图D-22　绘图界面

试题三

此部分要求完成设备连接、上机位 UI 设计、实现界面逻辑流程与软件逻辑流程。

1. 设备连接

将服务器和嵌入式移动教学套件正确连接。

2. 上位机开发界面设计

参赛者使用安卓完成智能家居管理手机软件的开发，软件界面参照以下截图（界面仅供参考之用，数据部分需结合实际情况显示正确）。

保存方法：将整个安卓工程保存到"桌面\安卓工程 ×××"文件夹中（其中 ××× 为工位号）。

所有界面及其控件请参照以下各截图设计。

3. 功能模块实现要求

① 进入系统后，首先进入的是"加载界面"（见图 D-23），界面顶部为 1 个文本为"欢迎进入智能世界！"的 TextView，在顶部从右向左匀速移动并重复。界面中上部为 1 个文本为"正在加载，请稍后…"的 TextView。界面右下角为 1 个文本为"Loading... X%"的 TextView，其文本前部 Loading 字样后的"."为 1 个，1 s 后变 2 个，再 1 s 后变 3 个，之后 1 s 恢复为 1 个……如此反复。同时在大约 9 s 内文本后部百分比要从"0%"逐渐变为"99%"，随后进入"登录界面"，如图 D-24 所示。

图 D-23　加载界面

图 D-24　登录界面

②"登录界面"中右下角变为显示系统日期和时间并每秒实时更新（之后每个界面也拥有该功能）。界面中上部的 TextView 切换文本为"加载完毕，请登录…"，并且持续闪烁，频率为 0.5 Hz。界面正中部位为 4 个 TextView 和 4 个 EditText，其中"IP 地址"和"端口号"应填服务器的 IP 地址和端口号（这两个 EditText 初始文本为能调试成功的 IP 地址和端口号）。当单击"登录"按钮时，用户名或密码错误（数据库查找）用 Toast 提示，如果用户名和密码匹配则进入"选择界面"

(见图 D-25),同时,如果"记住密码"复选框选中,那么本次用户名和密码被设备记住,当下一次进入登录界面时,用户名和密码会自动填写。当单击"注册"按钮时,"加载完毕,请登录…"隐藏,"IP 地址"和"端口号"相关控件隐藏,"记住密码"和"登录"隐藏,"确认密码"相关控件由隐藏变为显示,部分控件文本改变,最终变化为"注册界面"(见图 D-26)。当单击"提交"按钮时,两次密码不一致或用户名已存在都要用 Toast 提示,如果注册成功则将该用户名密码写入移动设备的机身内存的数据库中(文件名为 smarthome.db,表名为 userpass,主键:id,字段 1:User,字段 2:Pass),并还原"登录界面"。

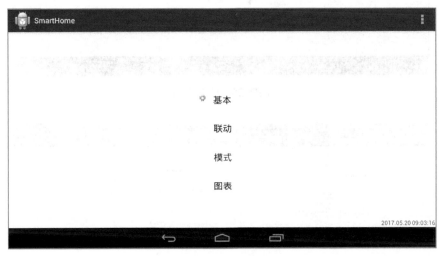

图D-25　选择界面

③ "选择界面"正中位置含 4 个 TextView,初始时,"基本"左侧有一个安卓机器人图片,如果此时单击其他文本,图片就会出现在相应的 TextView(同一时刻有且只有一个 TextView 左侧有图片),当单击已有图片的那个 TextView 后,会进入对应界面。

④ "基本界面"(见图 D-27)包含了所有简单功能,"采集参数"功能为将样板间的温度、湿度、光照、烟雾、燃气、气压、CO_2、PM2.5 和人体传感器采集的数据实时更新显示到这些 EditText(EditText 均设置为不能获取焦点)。"电器控制"功能为单击"射灯 1"按钮发送相应的命令控制样板间的设备,单击"射灯 2"按钮发送相应的命令控制样板间的设备,单击"电动窗帘"按钮发送相应的命令控制样板间的设备,单击"电视"按钮发送相应的命令控制样板间的设备,单击"空调"按钮发送相应的命令控制样板间的设备,单击 DVD 按钮发送相应的命令控制样板间的设备,单击"换气扇"按钮发送相应的命令控制样板间的设备,单击"报警灯"按钮发送相应的命令控制样板间的设备,单击"门禁系统"按钮发送相应的命令控制样板间的设备。界面右上角有一个安卓机器人图片,单击可返回"选择界面"(其余界面同样拥有该功能)。

⑤ "联动界面"(见图 D-28)有两个功能,每个功能在相应的复选框被选中时生效。第一个功能"当"后面的 Spinner 含"温度"和"湿度"两个项,第二个 Spinner 含"大于"和"小于"两个项,右侧 EditText 应填数值(如果未填或填错在该功能选中时应用 Tosat 提示,并强制取消选中,下同)。第二个功能"当光照度"后面的下拉菜单含"大于"和"小于"两个项,EditText 应填数值,右侧下拉菜单含"窗帘开"和"射灯全开"两个项。任意功能打钩且条件满足时设备做相应的动作。

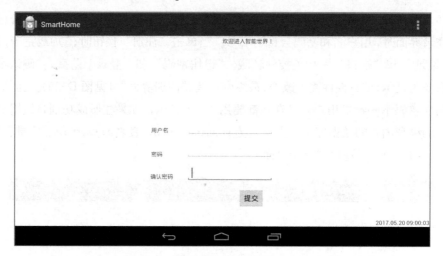

图D-26 注册界面

图D-27 基本界面

图D-28 联动界面

⑥"模式界面"（见图 D-29）共有 4 种模式可选，当某单选按钮被选中且开关按钮为 ON 时，该单选按钮对应的模式启动。白天模式下，射灯全关，窗帘开，如果 PM2.5 大于 75 μg/m³ 则换气扇开；夜晚模式下，窗帘关，如果 CO_2 浓度大于 5 ppm 则换气扇开，如果大于 10 ppm 则射灯全亮；歌舞模式下，空调开，两射灯以 1 Hz 的频率交替闪烁；防盗模式下，如果人体红外感应处有人，则报警灯开，射灯全开，窗帘开，如果此时开关按钮置为 OFF 则报警灯关，其余设备保持现状（其余模式下开关按钮置为 OFF 时，关闭模式，且所有设备保持现状）。

图D-29　模式界面

⑦ 第一次进入"图表界面"（见图 D-30）则开始绘制光照度的曲线图和表格（当数据多于 7 个时，只显示最新的 7 个），如果其间跳转到其他活动再跳转回来要能立即还原为跳转前的曲线图和表格内容。

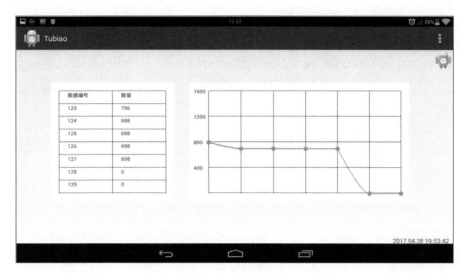

图D-30　图表界面